公共艺术基础与公共艺术设计研究

邓杰／著

山西出版传媒集团
三晋出版社

图书在版编目（CIP）数据

公共艺术基础与公共艺术设计研究 / 邓杰著. -- 太原：三晋出版社，2022.8
ISBN 978-7-5457-2552-0

Ⅰ. ①公… Ⅱ. ①邓… Ⅲ. ①城市景观—景观设计—研究—中国 Ⅳ. ① TU-856

中国版本图书馆CIP数据核字(2022)第160056号

公共艺术基础与公共艺术设计研究

著　　者：邓　杰
责任编辑：刘玫吟

出 版 者：山西出版传媒集团 · 三晋出版社
地　　址：太原市建设南路21号
电　　话：0351-4956036（总编室）
　　　　　0351-4922203（印制部）
网　　址：http://www.sjcbs.cn

经 销 者：新华书店
承 印 者：山西基因包装印刷科技股份有限公司

开　　本：720mm × 1020mm　1/16
印　　张：8.75
字　　数：150千字
版　　次：2024年7月　第1版
印　　次：2024年7月　第1次印刷
书　　号：ISBN　978-7-5457-2552-0
定　　价：58.00 元

如有印装质量问题，请与本社发行部联系　电话：0351-4922268

前　言

公共艺术是一个涉及多个专业领域的复杂概念。它既是一种艺术，但又远远超出了艺术与美学范畴。在我国，公共艺术这个概念出现在20世纪90年代。伴随着经济发展和城市建设，关于公共艺术的讨论和相关实践活动已经成为国内城市文化建设领域和艺术领域的重要话题。然而，由于公共艺术自身的复杂性以及东西方社会在文化语境、城市发展和社会管理体系上的差异与特殊性，对于由"公共领域""市民社会"等西方社会理论衍生而来的公共艺术的相关概念至今仍然难以界定。但是，这一困境并没有影响国内公共艺术的兴起和蓬勃发展。

一座城市的公共艺术所达到的高度已经成为衡量这座城市的发达程度、文明程度的标准之一。公共艺术作为城市文明的标识，能够使城市更加多元化、立体化、个性化和艺术化。改革开放40多年来，我国的城市建设正在步入一个注重自然与人文和谐发展，追求地域特色与文化差异，树立城市文化形象，承载地方文脉的新阶段。

伴随着我国开放的步伐，公共艺术与城市化进程同步发展，在这一独特的社会转型期，人们对生存环境、生活品质、行为消费提出了更高的需求，现代生活下的市民公共意识逐年提高，艺术化的生活方式同时也成为城市生活的一部分。放眼世界，在发达国家中，公共艺术这一特殊艺术形式早已成为国家与城市的文化竞争力；在体现自身文化特征的同时，人性化的服务设施已很好地介入公共领域，满足了人们的高品质生活方式。公共艺术从形式到内容的开放性、兼容性和多元化特征，恰恰为当前中国不同层次的文化艺术发展和实验提供了重要的历史机遇，成为当今人们空前关注的专业学科。

公共艺术设计绝不仅仅是在城市公共空间简单地堆砌或陈列艺术品，最终目的也不是那些雕塑、壁画或其他构筑体，而是引导人们如何看待自己的城市，与此同时对城市产生特有的情感。公共艺术的表现形式丰富多彩，它理应成为架起艺术与城市、艺术与大众、艺术与社会关系的桥梁，成为塑造城市文明，承载历史与传统，展现现代生活，体现精神与物质的工具，成为连接功能与审美以及政府与民众关系的纽带，体现当代城市人的文化追求与品位，最终成为公众自觉的审美表现形式和城市生活中不可或缺的文化载体。

目　录

第一章 公共艺术概论

第一节 公共艺术的概念

“公共领域”是近年来英语国家学术界常用的概念之一。这一概念是根据德语“Öffentlichkeit”(开放、公开)一词译成英文后得出的。这种具有开放、公开特质的,由公众自由参与和认同的公共性空间称为“公共空间”,而“公共艺术”所指的正是这种公共开放空间中的艺术创作与相应的环境设计。

公共艺术,无论在西方还是在中国都是一个难以说清的概念,历史学家在描述古代公共艺术的时候,往往指其为公共空间的艺术。艺术在公共空间中形成各异的艺术语言,它们互相联系又互相区别,共同形成时代的物化标志。“公共”这个概念在西方是社会历史发展到一定阶段后出现的。根据德国著名社会学家哈贝马斯的研究,在英国,从17世纪中叶开始使用“Public”这个词,17世纪末,法语中的“Publicite”一词借用到英语里,才出现“Publicity”这个词;在德国,直到18世纪才有这个词。“公共性”本身表现为一个独立的领域,即公共领域,它和私人领域是相对立的。

如果说公共艺术中“公共”的含义在“群”这层意义上来讲,只是具有“公共性”的话,几乎所有的艺术都具有这种特性。那么,从空间意义上进行探讨,便是给公共艺术做出定义的一种尝试。一件作品之所以被称为公共艺术品,是因为它首先存在于公共空间当中,即它在空间上必须以一种公共方式存在。一件被用于公共场所的雕塑作品，如果它在创作完成之前只是被放置在私人的空间当中，那么它也只是一件私人艺术品，而不能成为公共艺术品。当然有一个例外，就是私人空间在某种情况下也可以转化为公共空间，尽管是短暂的。于是，我们可以得出这样的结论，公共的概念从空间上来讲，也具有可变性。一个最简单的例子就是同样一件雕塑作品放置在私人空间当中和公共空间当中，它们的属性是不一致的。放置在私人空间当中，我们便不能称之为公共艺术作品。

20世纪60年代的美国产生了公共艺术的概念，20世纪90年代初“公共艺术”的概念才被正式引入我国，该概念在进入我国的初期主要是壁画、雕塑的代名词。学术界通常会把公共艺术划分为广义公共艺术和狭义公共艺术两个领域。公共艺术具有公共空间、大众参与、艺术创作三要素，其中大众参与是核心要素。公共艺术并不是简单的艺术作品，在设计中还要考虑到公共艺术所处的公共空间环境，应针对不同的公共空间进行设计。

对公共艺术产生影响的因素众多，包括艺术、经济、文化、历史、环境等，因而，对公共艺术的理解主要基于以下几个方面：①公共空间内的艺术作品，主要包括壁画、雕塑、装置等；②是一种文化现象，以多媒体、网络空间、舞蹈、表演等多种多样的艺术形式展现城市文化的特色；③唤起了大众审美意识，美化城市环境，且强化城市人文精神意识；④是艺术家的公共意识和大众参与的表现。正因为公共艺术设计是以人为核心，以城市公共环境、公共传播、公共艺术装置、公共设施为创作的主要对象，所以在设计中还要考虑到公共艺术所处的公共空间，针对不同的公共空间进行设计，从而提高大众审美。

公共艺术的发展与艺术思潮、城市文化的演变息息相关，它在社会不断发展与建构的过程中逐步形成。站在社会学角度看，公共艺术的起源可追溯至古希腊、古罗马时期。公共艺术是一门古老而年轻的艺术门类，伴随着人类文明的萌发而产生。而在20世纪80至90年代中国社会转型的背景下，公共艺术作为一种新的艺术形式进入中国艺术研究领域，可以说“公共艺术”又是现代艺术的产物。

当代公共艺术的发展已经超越了简单的视觉形式层面的价值，它的兴

盛推动了社会和城市面貌的改变。公共艺术需要走高质量、科学、平缓的路线，以及选择理性的发展道路。

20世纪60年代的美国产生了公共艺术的概念，由美国国家艺术基金会和公共服务管理局实施的“公共艺术计划”，使美国公共艺术如火如荼地发展起来。我国1979年在首都机场候机楼绘制的壁画，是我国现当代对公共艺术最早的认识。20世纪90年代初“公共艺术”的概念被正式引入我国，公共艺术的表现形式随着中国城市建设的飞速发展逐渐丰富起来。自21世纪以来，伴随着我国综合国力的增强，公共艺术内涵及表现形式得到一定的拓展，为公共艺术的理论研究创造了发展的新环境。

那么“公共艺术”与城市“公有空间的艺术”有何区别？

“公有空间的艺术”指的是由艺术家、设计师、出资者与公众参与而创作的艺术品。雕塑具有独特的审美效果，在特定的建筑环境中能起到画龙点睛的作用。每个城市都应该有自己独特的风貌，而城市雕塑则使这种风貌更为显著。从空间设计的角度来看，雕塑必须与建筑和环境协调，才能产生美学效果。黑格尔曾说：“雕刻作品的内容和题材也可以随多种多样的地点和建筑的性质而有无穷的变化。”金字塔在无垠的沙漠衬托下，显得何等宏伟壮观，而狮身人面雕像的造型与金字塔锥形的对比关系，使建筑空间组合更有变化；雅典卫城建筑群内部构图中心是雅典娜雕像，它使卫城的环境更为完整。

美国印第安纳波利斯的媒体对公共艺术的定义为：“现在，在许多的现代化城市中，艺术家与建筑师共同合作，以创造视觉化空间来丰富公共场所。这些共同合作的方案包括——人行道、脚踏车车道、街道和涵洞等公共工程。所有这些公共艺术表现方式，使得一个城市愈发有趣与更适合居住、工作及参访。”①

而将公共、大众和艺术连成一个特殊的文化领域——“公共艺术”时，它便呈现了更多的当代文化精神，甚至成为当代文化现象的代言人。公共艺术是近现代城市中置于有公众自由出入的公共开放领地，有公共资金支付，为公众服务的实用性的、大众性的艺术。公共艺术在概念上可分为广

①王中．公共艺术概论[M]．北京：北京大学出版社，2007.

义与狭义，广义的公共艺术包括存在于实形公共空间中动态的硬体艺术，以及存在于虚形公共空间中的软体艺术（如公众有权自由接收的频道传送、网络信息、卫星数据等艺术形式）。广义的公共艺术将会随着政治、经济、文化、科技的发展不断发生变化。而狭义的公共艺术是现代绝大多数公众常识中的公共艺术，指存在于实形公共空间中静态的硬体艺术，如陆地、山林、水域等空间中的艺术性建筑、装置、雕塑、绘画等。

21世纪是信息的时代，世界文化的多元性和地区文化的个性是未来公共艺术的主要课题。城市是文化的中心，而城市环境中的公共艺术则成为构成、反映城市文化的重要因素。如果将公共艺术作品定义为一种特定的“空间媒介”，这种媒介必然有其独特的艺术个性，而且必然属于城市中某一特定场所的特定构筑物或艺术单体，它是整个环境形态中的一个局部，有着自己特定的创作方法和审美原则。其特点如下：①公共艺术作为环境功能的一部分，在人文精神、审美效应上应与环境整体相协调，并有着独立的观赏价值；②公共艺术已成为不同地域历史文化的延续及传承的载体，同时又与当代的时尚文化、精神生活、经济发展紧密相连，成为视觉的焦点和时代的象征，有标志性、识别性、纪念性及宗教性；③公共艺术可能是无标题的构筑物创作，仅仅作为空间中的媒介，公众能在其中得到各种体验，形成一种“空间对话”的同时，还具有独立的艺术价值；④公共艺术既是绿色生态的一部分，又是公众精神和心理安慰的调节剂。

综上所述，公共艺术即公共空间中的艺术创作与相应的环境设计。

所谓公共空间，指不属于个人拥有的都市或乡村的空间范畴。当人们在城市中漫步，脚下的道路，路边的街景，身旁的公园、建筑物等，无论是城市当地的居民，还是外来的旅游者，只要是能欣赏和接近的区域，都称为“公共空间”。所谓“公共艺术”是公共空间中的造型艺术，不仅指物质概念上的“公共”、空间上的共享，更具有精神内涵上的共同“拥有”“参与”“分享”等文化特质，体现大众的文化意愿与审美需求。这些都决定了公共艺术的创作过程和方法，与艺术家个人的独立艺术作品创作是有区别的。

公共艺术强调公共性和公共价值观念，其表现形式多种多样，既包括公共空间中的雕塑、壁画及景观中的地景艺术，也包括新材料艺术、光电的艺术、空间与表现的艺术、解构与装置艺术，以及时空上能够和公共发生广泛关系的艺术等艺术样式。公共艺术所要解决的不只是美化城市、美化环境的问题，它还追求良好的社会效益，强调艺术与社会公众的沟通，追求人文关怀。

未来的城市文化就是公共艺术吗？日本著名公共艺术策划人南条史生曾这样断言："无论从建筑、都市规划，或是艺术的角度看，时代正逐渐将注意力转向公共艺术。"2004年哈佛大学的一项研究结果称：世界经济发展的重心正在向文化积淀厚重的城市转移。也就是说，未来城市建设的核心目标是"文化"，文化的体现与艺术密不可分，艺术已经全面进入日常社会生活，或者说公共生活逐渐走向艺术化。城市是人们聚居的场所，是一个大的公共环境，"公共艺术"将"公共""大众""艺术"相结合，就是为了给人们创造艺术化的生存环境。也就是说，走向"公共"的"艺术"将为城市的文化发展注入新的活力。

公共艺术是城市文化建设的重要组成部分，是城市文化最生动、最直观、最鲜活的载体。它可以连接城市的历史与未来，翻开城市的历史画卷，讲述城市的故事，满足城市人群的行为需求，创造新的城市文化，展示城市的魅力。也就是说，城市公共艺术的最终目的是为了满足城市人群的行为需求，在人们心目中留下一个城市文化的意象。正如日本著名公共艺术设计师樋口正一郎所言："美的城市建设成了当前城市文艺复兴的主题，并且城市建设由硬件时代逐步过渡到了软件时代。"这也意味着在城市建设中，艺术家的作用更大了，艺术家和公共艺术作品可以以艺术的手段重塑城市尊严，讲述城市动人的故事。艺术开始走出画框，走向街区，走向大众，走向市民的日常生活。

公共艺术作品及设计者应具备以下几个特性：

1.设计者应具备方法论意识。从事公共艺术的工作者，首先应当是一个社会工作者，他（她）必须清醒地认识到自己在做什么，以及通过什么方法来完成。公共艺术设计者必须了解社会的艺术政策、有关公众事物的工作程序以及各种制度，并善于解释和陈述自己的工作以得到支持。从事公共艺术必须明确有关公众参与的可操作方式、方法、程序和准则:必须掌握倾听民意的具体方法,如调查的方法、统计的方法、展示的方法、听证会的方法、媒体讨论的方法、公众投票的方法等。总之,人们从一个公共艺术项目的方法论上,基本上就可以判断这个项目的学术价值和意义,以及它目前所处的水平。

2. 公共艺术作品应具有可参与性。公共艺术与非公共艺术最大的区别是它的参与性。公共艺术一定是开放的、民主的,它十分尊重参与者的社会权利,并公正地对待每一个参与者的意见。公众参与的方式是多种多样的。公共艺术的参与性不仅表现为公众对作品结果评判的参与,还表现为公众对作品完成过程的参与,与设计师共同推动作品的完善。

3. 公共艺术作品及其设计者与公众之间应具有互动性。公共艺术的互动性表现为作品、设计者、公众之间良性的相互交流、沟通、选择、影响。互动主体的关系是平等的,公众的意志和对公共艺术作品的看法可以影响甚至推翻设计者的设想,在作品的创作过程中实现作品的公共性。互动是作品的延伸,也是作品的组成部分。例如观众对作品的反馈意见,也是检验公共艺术成就的一个重要指标。

互动性的另一个意义表现在公共艺术的结果是开放的,对它的检验是在互动中完成的。公共艺术不同于一般的物质产品,在被消费以前就可以评定出好坏优劣,它成功与否的结论是开放的,社会公众是作品成功与否的最终评判者,只有在互动中,在与观众的接触中,作品的价值才能体现,对作品的评价也才能完成。

4. 公共艺术作品应具有过程性。公共艺术是过程的艺术,它是设计者与公众互动的产物,它注重的是作品产生的过程,而不仅仅是结果。公共艺术既可能是一次社会活动,也可能是一个有时间过程的社会事件,随时间的变化不断呈现出新的状态和意义。如果仅仅只是一个静态的结果,对公共艺术来说意义不大。一个公共艺术可能会持续很长的时间,在这个漫长的时间内,又会生出许多可能性,同时也可能暴露出一些社会问题。过程使公共艺术变得更加丰富。

5. 公共艺术作品应具有问题性。公共艺术总是要针对各种社会问题来提出问题、认识问题,并促进问题的解决。有深度的公共艺术能充分表明自己的价值立场,在人们习以为常的事物中发现问题,体现社会的公正和道义。只有具有问题针对性的公共艺术才能具有公共价值,才会有助于人们发现社会问题,从而促使社会状态的改善。

6.公共艺术作品应具有观念性。公共艺术是策划的艺术。从策划的层面看,一个好的想法、一个适合的命题、一个富于智慧的切入点是公共艺术成功的关键。

7.公共艺术作品应具有多样性。公共艺术的多样性表现在:就场所的意义而言,公共艺术不能看作是户外的艺术,公共空间不能只是理解为室外空间,只要具备了公共艺术的特点,即使存在于室内空间也同样可以视为公共艺术;就作品的形态而言,公共艺术的多元性表现为可以使用以下各种艺术形态来完成:建筑艺术、雕塑艺术、绘画艺术、装置艺术、表演艺术、行为艺术、地景艺术、影像艺术、高科技艺术等。

8.公共艺术作品应具有地域性。公共艺术面对的是公众共同关注的问题,这种问题总是体现在特定地域或特定的区域内,公共艺术需要面对这些问题做出反应。社会发展总是呈现出不均衡性,因而,不同地域和社区常常会出现与其政治、经济、文化密切关联的特殊问题。公共艺术正是由于对地域性的强调,而成为某个特定地域或社区居民积极参与公共艺术活动的一种方式。

公共艺术是一座城市的思想,也是当代文化的形态。公共艺术的创新与发展离不开深刻的社会文化背景,它表达了当地的地域特征与文化价值观,体现着人们对自己城市的认同感与自豪感。在公共空间创作和设立公共艺术作品,是对作品所蕴含的文化价值的展示,是对人类生活品质、生活情趣和行为方式的表达。

第二节　公共艺术的特征

随着社会物质、经济的增长，城市的兴起，公共艺术随之应运而生。公共艺术伴随着城市发展的置换和再造等过程，其形态、内涵与城市文脉的成长息息相通。它由最初单一的实用性功能逐渐向与意象性结合的功能转变，通过公共艺术作品的艺术表现形式来提升城市形象、积淀文化底蕴、发展文化特色，向满足人们审美要求的方向发展。

公共艺术是环境艺术的一种艺术表现形式，以其独有的互动特征及文化内涵，向社会展示了鲜明的地域性、时代性与文化性。公共艺术服务于城市现代化的环境建设，对城市规划、发展起着重要的作用，如文娱休闲、政治宣传等。同时公共艺术是城市形式与城市意韵的重要组成，其映射出社会的文化常态和美学鉴赏。因此，在城市中的文化广场、商业步行街等公共开放空间中，公共艺术的发展方兴未艾。

公共艺术不仅是一种外在的、视觉的艺术存在形式。从宏观上来看，它是一种文化形式，蕴含着丰富的文化精神内涵。它是社会公共领域文化、艺术蓬勃发展的平台，也是政府、公众、艺术家和其他团体合作对话的重要方式。公共艺术的特征具体表现为开放性、自由性、互动性、独立性、批判性等。

一、公共艺术的开放性

公共艺术的开放性在于其艺术活动场所本身的开放性以及公众艺术审美的开放性，即公众可以与公共艺术作品交流并且提出意见和建议。无论在艺术表达还是艺术载体的选择上，都需要有开放性的艺术氛围来吸引更广泛的人群，从而实现更好的艺术效果，提升公众的审美能力。同时，因为公共艺术的开放性，所以公共艺术设计需要考虑地理环境的因素并兼顾公众的感受，最终才能传达出独特而丰富的精神价值。国际知名景观设计师彼得·沃克，是“极简主义”设计的代表人物，他设计了加州大学图书馆人行道项目。加州大学校园里通向图书馆的人行道是人行道中枢，该项目穿过

学生服务大楼中央区域，终点止于盖泽尔图书馆。人行道设计应提供一切必要设施，还应有通向其他区域的道路。设计师将这条人行道建成一个多功能的开放区域，它不仅是人行道，还是学生举行各种集会活动的场所，同时，这里还成为整个校园的标志性区域。

更多的公共艺术作品为满足人们对舒适生活和美好环境的需求以各种形式在城市的公共空间涌现。自2007年以来，荷兰艺术家弗洛伦泰因·霍夫曼创造了一系列“大黄鸭”作品，将原本只在艺术画廊的大厅中展示的公共艺术释放并融合进整个城市环境中，让人们拥有了更丰富、独特的空间体验。

二、公共艺术的自由性

公共艺术的设计场所、表现形式及公众的参与形式都具有自由性。单一抽象的公共空间并不存在，公共艺术设计场所的自由性体现在每一个公共空间与不同的社会活动结合产生不同的场所。每个场所又形成了不同的场所精神，这与其所处的地理位置、社会职能、场所职能密不可分。例如，纽约艺术家Kurt Perschke的“大红球项目”，一个巨大的、高度为15英尺的红色球体总是在意想不到的地方出现，如桥梁上、两栋房子之间、教堂前、房梁下等公共场所。迄今为止，大红球已经出现在芝加哥、巴塞罗那、台北、阿布扎比等地。北京地铁圆明园站使用西洋楼残柱作为浮雕的主要部分，与其所处的地理环境相契合，体现此处的历史文化。这些都是公共艺术自由性的体现，向公众展示公共艺术，不受表达形式的限制。

三、公共艺术的互动性

公共艺术与其他艺术的最大区别在于它强调艺术作品的创作与公众之间的交流，将社会文化、公共空间与公众三者之间紧密联系，并通过各种互动交流传递所要表达的艺术精神。中国美术学院雕塑系教授孙振华认为：“公众参与公共艺术的结果是实现与作品的互动，即艺术家与公众之间的双向交流，相互影响和互动的主体是平行的。作品的意义和结果只能在互动中完成。”作为创作者，既要将公共艺术作品的概念进行完整的表达，同时也要使公众能深刻地理解作品的寓意与设计的目的。

艺术家约姆·普朗萨设计的皇冠喷泉，喷泉中间是倒影池，两侧是玻璃砖建的塔楼，这两座塔楼上来回交替播放芝加哥1000位市民的笑脸，欢迎着所有来到这个公园的人。整个设计具有非常强烈的互动性，公众会想要参与其中，使其短暂逃离嘈杂的世界。

作为优秀的公共艺术家必须拥有高度的社会责任感和人文情怀。公共艺术本身的特质是以提出问题为创作目标，以解决问题为方向，来突出公众的精神风貌和增加该地区的影响力。艺术家需要深切地体会和思考如何将自己的设计理念与公众的实际需求相结合。经过深思熟虑后，艺术家才能设计出体现公共意识和具有时代精神且受公众欢迎的公共艺术作品。

I See What You Mean 是一个站立着的蓝色巨熊雕塑，雕塑位于丹佛科罗拉多会议中心的门口，高约40英尺，此公共艺术作品中，熊正透过玻璃窗向会议中心内部看去，仿佛看到了什么令它惊讶的有趣秘密。将其安装在这样一个人来人往引人注目的地方，是想告诉人们“我知道你的意思”，正如作品名称一样。实际上，这是公共艺术与建筑空间之间的互动，并通过公共艺术作品幽默地解释这个会议中心的区域功能。艺术家劳伦斯设计了这只蓝色巨熊，其出发点是“好奇”。蓝色巨熊雕塑的创作灵感来自艺术家偶然在报纸上看到一只黑熊不小心进入城市，因好奇透过室户，看向其他人住宅的照片。

因此，公共艺术作品必须考虑到公众的审美、实际需求和艺术本身的艺术价值。

四、公共艺术的独立性

公共艺术的存在并非是单一的形态，公共艺术与其他艺术相比更加注重与人文景观和自然景观的融合。从空间层面进行探讨，空间是一个与时间相对，并且哲学化的术语。公共空间是城市空间的重要部分，根据安切雷斯·施耐德的理论，公共空间可以划分为几个不同层次：①物理的公共空间；②社会的公共空间；③象征性的公共空间。公共艺术与公共空间既相互融合又相对独立。学术界将城市中的公共艺术定性为一种小型景观，中型景观则是城市有机结构中的各个组成部分，而大型景观则指城市的形状和整体结构。在我国，雕塑是城市公共艺术的主要代表形式之一，其融入

城市环境又在空间上相对独立。而城市中的大型雕塑一般会设置在广场、公园和街道等公共场所，作为独特的公共艺术存在。

安尼诗·卡普尔设计的《云门》，就是独立景观的完美展现。《云门》的创作灵感来源于自由自在流动的水银，其如镜的表面可以映射出芝加哥美丽的城市天际线，而被称为“肚脐”的流线型拱门底部，可以增加更多的反射面。当走入塑像中央时，整个空间呈现一种扭曲感，会让人们产生固体变成液体的幻觉。

五、公共艺术的批判性

“批评”一词来源于古希腊词“krino”，其原意是“区别”，可以理解为选择性地批评。早在古希腊时期，城邦内的公共事业蓬勃发展时，批评就成了理性思考下的表达方式之一。艺术的批判应该是一种不求结论的、思想冲突式的思辨行为，它的目的是引起人的思考。可以说公共空间和公共领域一直存在着批评和再构建。公共艺术始终植根于不同城市的历史与政治文化中，它反映了每个城市不同的文化特征。若公共艺术不能真正倾听、掌握并表达城市运行的复杂脉搏，公共艺术将在城市空间中逐渐失去其画龙点睛的作用。

第三节 公共艺术的类型

公共艺术一般可分为公共空间的壁画、雕塑、装置、装饰等。还可以根据不同标准进行分类，如按创作形式分类，按所处地点分类等。

一、公共艺术的一般类别

（一）公共空间的壁画

壁画是附在墙体上的绘画艺术，是一种加强空间环境氛围的艺术形式。例如，永乐宫壁画，这是中国古代壁画杰出佳作的代表，位于山西省芮城的永乐宫（又名大纯阳万寿宫）。永乐宫的壁画规模达1000平方米，分别位于无极殿、三清殿、纯阳殿和重阳殿中。其中三清殿是主殿，殿内壁画共计403.34平方米，画面高4.26米，全长94.68米，为大殿的整体环境空间增添了庄严气氛，达到宣传道教与感召人心的作用。

（二）公共空间的雕塑

雕塑是造型艺术的一种形式，是雕、刻、塑三种制作方法的总称。雕塑是指为美化环境或者纪念而雕刻成形，具有一定象征意义的装饰物、纪念物。雕塑使用各种可塑材料，创造出具有空间可视、可触性的艺术形象，借以反映社会生活面貌，传达艺术家的审美情感。雕刻通过减少可雕材料，塑则通过堆增可塑材料以达到艺术创作的目的。而三维空间的雕塑艺术受限于另一种“空间”——公共空间。简单来说，公共空间包括建筑空间与文化空间，有着物理和精神上的双重意义。

曼德拉的雕像在2012年8月4日与南非人民见面，纪念其因反抗种族歧视而入狱50周年。这座雕像使用50根10米长的钢柱为媒材，钢柱的体面变化形成曼德拉头像，同时又指代监狱铁窗，是由艺术家Marco Cianfanelli创作而成。

（三）公共空间的装置、装饰

装置艺术是“场地+材料+情感”的综合展示艺术。例如，日本艺术家盐田千春在波兰博物馆所展出的装置艺术*Counting Memories*。在交错摆放的九张老式木造桌椅上，升起一条条黑色纱线，纱线缠绕成一团黑色乌云，白色数字悬挂于其中，就好像黏在巨大蜘蛛网上的小昆虫。艺术家用黑色的纱线代表过去，用数字代表对大家最有意义的日期，以此来收集大家的过去。她认为每个数字分别定义着每个人，将人们相互联系起来，人们会分享对自己很重要的日期，而这也帮助人们了解自我。

荷兰艺术家霍夫曼与香港创意单位All Rights Reserved合作创作了一个新的大型户外大象艺术装置*Bubblecoat Elephant*。其灵感来源于时尚界常用的泡沫材质Bubblecoat。

二、公共艺术的其他分类

(一)按公共艺术的创作形式分类

1.二维公共艺术。公共艺术的二维形式是指附着在公共空间的墙壁、地面或平面空间上的艺术创作。主要通过视觉效果来传达主题特征。

(1)传统公共壁画:壁画是最早和最广泛的公共艺术创作形式,在公共空间的墙壁上绘画具有独特的艺术价值。东西方传统壁画的区别在于东西方绘画方法和思维方式的差异。中国传统壁画强调线条的表现力,主题与宗教或皇室重要事件相关,如山西永乐宫壁画。西方传统壁画使用颜色塑造身体,强调解剖学、透视和其他科学表达,主题主要与圣经故事或重大事件相关,如米开朗基罗西斯廷教堂的天顶壁画。

(2)当代公共壁画:当代壁画与传统壁画的主题相比更具人性化。当代壁画更加关注人与自然的关系或人类生存的现状,当代绘画的发展对壁画产生了巨大的影响,新材料的使用和创作形式的多样化使当代壁画的创作更加趋于丰富与多元化发展。例如,由荷兰艺术家Arno Coenen和Iris Roskam以及另外一组设计师和动画家在鹿特丹市的Markthal大型拱廊市场一同完成的艺术作品《丰饶之角》,此作品目前是荷兰最大的艺术作品。

(3)涂鸦艺术的公共性:涂鸦艺术具有明显的公共艺术特征,涂鸦具有自由游戏和休闲创作的特点,涂鸦作品可以与公众产生互动,引起公众讨论。它的绘制地点大多是公共空间,如街道、广场和建筑物的墙壁,它通过独特的艺术手法来产生某种装饰和美化的效果以表达艺术家的设计灵感。

(4)印刷类的公共艺术:平面形式的公共艺术创作不仅限于绘画作品,也可通过喷墨印刷来创作。计算机应用彻底改变了传统的印刷设计,促进了印刷设计向“计算机数字化设计”的历史转变,为印刷设计注入了现代技术内涵和时代特征,降低了创作大型艺术作品的难度。例如,在荷兰阿姆斯特丹医养环境的设计中,印刷钛面板的应用将图案元素放大至建筑尺度,将儿童纯真梦境的心理期望具象化,从而转换成实际空间环境的公共艺术,达到增强医养环境气氛的目的。

(5)新媒体公共艺术:新媒体艺术是一门以光学媒体和电子媒体为基础的新兴艺术学科,其基于数字技术,使观众产生全新的视觉体验。在艺术面貌极端丰富、各类媒介急速诞生发展的当今时代,新媒体作为一种被广泛应用的新生技术手段,是与当今世界科技成果结合最为紧密的艺术形式之一,拥有长远的发展前景。但其缺点是对设备有较高要求以及对能源消耗有较大依赖。

2.二点五维公共艺术。二点五维也称半立体,是指在空间形式的分类中介于二维平面和三维空间之间的一种形式,且具有占据少量空间的形态特征。在功能方面,可应用于装饰空间及主题创作,具有标识功能;在形式上,二点五维可以表达平面空间和深度感应空间,因此被广泛应用于公共艺术创作之中。

(1)具象二点五维的公共艺术:即以具象写实的方式创作的二点五维公共艺术作品,主要以人物、动物或自然的图像作为创作对象。这些形式的作品通常用于表达现实生活主题、纪念主题的公共艺术项目。更常见的公共艺术形式是写实的浮雕创作,写实类浮雕需要一个具有良好现实基础和坚实的雕刻能力的创作者。以美国*Camp Barker*纪念装置为例,该纪念装置永久向公众开放,并从概念、形式和材料的使用上,彻底颠覆了华盛顿特区纪念碑的固有形式,特别是那些致力于表现内战的公共雕塑,曾引起全美范围的争论,比起歌颂战斗中的英勇无畏,它们实际上揭露了奴隶制残酷的压迫历史。

(2)抽象二点五维的公共艺术:"抽象"是指人在认识思维活动中对本质因素的抽取并舍弃事物的表象因素。在美术领域,有抽象主义、抽象艺术、抽象派等概念。抽象的壁饰和浮雕常见于抽象的二点五维公共艺术,是指运用非具象的形态或点、线、面等构成要素依附于墙体进行创作,使人产生似与不似的视觉感受,以表达某种主题意义。

Ark Nova是世界上首个充气式音乐厅,是由艺术家Anish Kapoor和日本建筑师矶崎新合作设计。这座可移动充气音乐厅可举办世界级的音乐会及各种活动。在大地震之后松岛正逐步恢复重建,设计团队希望以音乐的形式为当地居民带来鼓励和积极的力量。

(3)二点五维与绘画综合的公共艺术:综合创作是公共艺术设计中一种重要的创作手段。该手段综合绘画的特征与发展趋势,以多元、综合的材料媒介和艺术观念为基础，是综合展现平面或空间的装置艺术。

（4）肌理形态的公共艺术：肌理是指物体表面的纹理结构，即各种纵横交错、凹凸不平、粗糙光滑的纹理变化，可通过物体表面的纹理特征来传达感觉。肌理形态通常可分为天然肌理和人工肌理，肌理不同，也会产生视觉与触觉感受的差异。

天然肌理形态公共艺术，是指选用石材、木材、树皮、树叶、泥土、水等材料，运用物体的天然肌理对艺术进行加工或者采用直接展示的形式来表现艺术美感，如墨西哥“生长”于丛林中的艺术展览馆。

人工肌理形态公共艺术，是指在公共艺术的创作中运用人工合成的材料，根据材料的特质，比如毛线、树脂、玻璃等，进行肌理再创作，可以创作出给人不同感受的肌理形态。

澳大利亚艺术家Stuart Green受到陶瓷生产艺术的启发设计了一系列雕塑作品*China Green*。雕塑群的主要色调是白色和灰白色，象征着白色陶土的永存。“旋转、重合、碎片、白圈”，成为本次雕塑群艺术设计的主题。

3. 三维公共艺术。三维公共艺术作品在现实生活中使用得最为广泛，它们在公共艺术形式中是最常见的，包括城市雕塑、城市艺术装置、实用艺术设施和其他具有三维形态特征的公共艺术作品。从形态的特征可以分为具象形态、抽象形态和现成品形态。

（1）具象三维形态的公共艺术：具象三维形态的公共艺术是指具有写实特征的公共艺术，是一种根据观众的视觉经验可以直接识别的艺术造型，如城市雕塑等。其蕴含着深刻的文化内涵，具有独特的精神力量等。具象写实作品的优点在于对人物或事件的再现性，这类作品广泛运用于历史题材的公共艺术中，而写实能力成为这项艺术创作能力的衡量标准。

以美国自由女神像为例，自由女神像是美国的象征，是美利坚民族和美法人民友谊的象征，该作品表达了美国人民争取民主、自由的崇高理想及民族自由的美好愿望。

（2）抽象三维形态的公共艺术：抽象形式是指揭示事物本质的一种艺术形式。其来源于生活，是艺术家对生活中事物的直观感受，经由综合、处理、概括等一系列的艺术手法进行创造而来的。在公共艺术领域，抽象形式被广泛使用,是一种极受公众欢迎的艺术形式。

抽象形态通过抛离具体形态,将作品创作成介于一种似与不似之间的特殊形态,使得观察者产生无限的遐想,从而形成纯粹的形态美学和极致的审美感。例如,上海新天地镜面反射公共艺术作品,这个30米长的公共装置是一整块造型扭曲反转的板,墙会自然过渡为顶板,路过的行人的身影会被反射。人们路过这里就像是在走秀,在这里看自己也看别人,看与被看产生崭新的关系。

(3)现成品巧妙构成公共艺术:现成品构成公共艺术是指设计师运用现有的物品或材料进行公共艺术创作。这种方式直接使用物品或材料的特定感来传达特殊的美学意义,如斯德哥尔摩地铁系统。此外,艺术家可以通过材料的关联性或艺术家的技术加工再创造来形成一类表达新意境的艺术作品。

4. 互动性公共艺术。公共艺术存在于城市公共空间,公共艺术的互动性表现为作品、公众、环境之间的良性交流互动、选择和影响。而公共艺术作品的最大价值在于实现和延伸这种公众的交流互动。在公共艺术创作过程中需要将使用者即公众的认知特征和心理、行为方式等都考虑在内,通过公共艺术的创作达到人与人、人与环境之间的沟通与交流,在提升都市生命力的同时,实现公共空间使用功能的最大化。

以西班牙格列佛公园游乐场为例,孩子们可以爬上格列佛的“胳膊和腿”,从他的“头发”和“马甲”上滑下来,探索他“袖子”里的洞穴,甚至爬到压住他的绳索上。

5. 四维公共艺术。四维公共艺术作品是在三维作品的基础上增添了时间概念。观察者能够直观地感知作品在不同形态变化中所表达的艺术效果,如活动雕塑。此外,也有些作品是静态的,通过改变造型来传达心理动态变化。例如,美国一个名为*Ambiguous*的公共艺术装置,该公共艺术品表达了教育中心的主题“小事物的重要性”,即强调小部分对整体的贡献。设计师Rob Ley创作了一个由数百个小蝴蝶结组成的雕塑,这些设计元素都具有独特的弯曲角度,并通过铆钉组合成最终的整体形态。此作品的一部分艺术灵感来源于生物的最初形态,如种子、孢子、卵和花粉,它们都具有迷人的构造和纹理特征，这些特征都是每个物种所独有的，相互比较时则显得相似，使观察者可直观地观察作品细节。

6.感官体验性公共艺术。感官体验，即听觉、嗅觉、味觉等的体验。当公共艺术能满足受众的精神需求时，这些体验愈加强烈，作品与观众之间的互动可以有效地激发观众的兴趣，增加人与公共空间互动的趣味性。

以加拿大冰山互动景观设施为例，这里的冰山互动设施其实是一系列能发出独特声音的金属照明景观拱门装置。当游客走进拱门，内部的运动传感器检测到他们的活动，触发灯光和声音，从而使冰山互动景观设施有了灵性。游客行走其中，听得到流水从这些冰山中经过，与冰山形成音色上的共鸣，音调的变化让人体会冰慢慢融化的过程。不管行走或者站立，游客都可以通过这一设施来享受一场视听盛宴。

（二）按所处地点分类

公共艺术存在于人们的日常生活中，在提高城市生活质量的同时优化城市形象，且为人们提供了各式各样的艺术体验。随着时代的变迁，人们对公共艺术的需求也与日俱增，已从单纯的视觉享受需求逐渐上升到心理需求的层面，城市公共艺术的发展也越来越活跃。

1.广场中的公共艺术。广场中的公共艺术的主题随着城市变迁的历史与进程而变化，它代表着城市的精神文明。

广场中的公共艺术定位是在密集的商业和住宅区内开辟高品质的公共活动空间，同时在单一的商业文化中植入公共艺术创作、展览、交流和教育等方面的设施。因此，它不仅提供一般的休闲绿色空间，也提供了一个生动的城市生活舞台，是公众接触艺术的一个重要媒介。

以伦敦东部广场穹顶公共装置为例，该装置的设计较为新颖，吸引了人们的眼球。装置内部的空间很大，可以用来举办社区活动，也是当地居民享受闲暇时光的主要场所。里面放置了一些动感可爱的卡通形象和彩饰陶罐，可播放电影片段和进行科学实验等，具有一定的教育意义。该装置全天面向公众开放，为人们提供了一个休闲娱乐场所，这也是该装置建设的最初目的。值得一提的是，该装置的内部空间可以根据需要调节，它可以在短短的几分钟内从一个单一的65平方米的球状结构变成一个面积超过400平方米、高8米多的房间结构，非常方便，实用性很强。

2. 公园里的公共艺术。从公共艺术的性质来看，城市公园公共艺术的类别大致可以分为两种：一种是以功能性为主导的公共艺术作品，另一种是以艺术性为主导的公共艺术作品。

3. 街道上的公共艺术。在一般城市街道的公共艺术作品中，通常将其造型与城市的特有风格、文化、历史有机联系，创造出一件有趣的艺术作品，这也是城市的文化精神和人文色彩的外在表现，它传达着城市的特殊文化底蕴，为城市面貌增添了趣味性。以艺术家Michel de Broin设计的作品*Dendrites*为例，意为“树突”，指的是神经元的分支突出部分，在希腊语中也有树干的意思，象征城市的生长及活力。Michel de Broin以耐候钢作为“主干”形成楼梯的结构，越向上分支越细，最终成为一处有趣的城市观景台，成为人与公共空间沟通的枢纽。

4. 地铁内的公共艺术。地铁作为城市的重要公共交通枢纽，不仅承担着交通功能，还承担着城市文化传播和展示的任务。将公共艺术融入地铁空间，可以营造出不同的艺术空间环境，以达到提升人们乘坐体验的效果。以加拿大《大气照相机》公共艺术装置为例，《大气照相机》是一件公共艺术品，被安装在加拿大多伦多旺市大都会中转站的圆屋顶上。该公共艺术品的占地面积高达1486平方米，将中转站凸面形的天花板打造成了一个动态的、立体的拼贴画，形象地展示了车站内的日常百态。当乘客进入“镜头”下方的空间并在其中来往穿梭的时候，他们的影像便会被映射在天花板的面板中，成为不断变化的大气环境的一部分，从而实现了一种被动动力学的效果。具有开放意义的天窗与冬至、夏至、春分、秋分时期的太阳角度相对应，将两个层次的光线投射到车站的深处，照亮了这个十分缺乏日光的空间，形成了一种动态的视觉效果。

5. 学校内的公共艺术。校园的公共艺术是公共艺术在校园特定环境下的应用和发展，它是校园环境建设的一个重要部分，体现了独特的校园文化。校园公共艺术的设置不仅仅是一种简单的“艺术”植入，它的建设在塑造人文艺术氛围、树立师生文化认同感等方面具有重要作用。

“社会主义核心价值观”公共艺术位于浙江大学城市学院图书馆外墙，

表现的是社会主义核心价值观中关于个人层面的“爱国、敬业、诚信、友善”四组词语。在设计时，强调公共艺术与环境的自然和谐。在对印章的字体进行了重新设计后，原本表面光滑的字形成了“平滑与粗糙”的鲜明肌理对比，表现出沉稳厚重的气质。设计追求公共艺术与爬山虎墙的融合效果，让爬山虎自由生长，与环境对话共生。

第四节　公共艺术的作用

公共艺术作为城市文化思想内涵的一种表现形式，不仅能够美化城市环境，提高民众的审美能力，促进各国艺术、文化融合交流，更能表现出城市的深层次文化气质与精神内涵。

一、弘扬社会主流文化价值观

在现代社会中，多元文化共存，公共艺术以多种形式呈现。学者於玲玲认为：“公共艺术是体现社会主义核心价值观的重要载体，在多元文化并存的现代社会，公共艺术的表现形式多种多样。从公共艺术的社会功能来看，必须要时时体现出社会主义核心价值观的正确导向，让公共艺术成为主流价值观的传播者，弘扬社会正能量，树立正确的舆论导向。”

公共艺术能够与公众产生深刻的“互动”，与公众进行深刻的情感交流，且这种情感交流是在潜意识中完成的，对公众产生了有意识的影响。多数公共艺术作品在创作初期就会考虑不同社会群体的心理特征和价值取向，以实现设计作品情感和价值观的表达。

中国公共艺术的发展分为两个阶段：1949—1978年是第一阶段，中国坚持社会主义模式，抵制西化，确保国家的政治独立，但相对封闭的政策导致了经济和文化发展滞后。这一时期的代表性公共艺术作品包括雕塑家萧传玖于1953—1956年创作的人民英雄纪念碑“南昌起义”浮雕等。

1978—1995年为第二阶段，中国在积极参与全球化进程的同时还加强了对文化市场的控制和管理，在一定程度上促进了公共艺术的发展。在此期间，许多寓意为“开放荒原”和“起飞”的城市雕塑出现在全国各地。这两个阶段的公共艺术是一种体现和定义国家价值的艺术形式,大部分的作品以明喻或隐喻的方式传达了民族价值观。

二、提高民众的审美能力

公共艺术的审美价值体现在公众对公共艺术作品的欣赏上,在陶冶情操的同时培养公众的审美能力,营造审美意境,进而提高公众的精神境界、道德水平。

(一)提升审美愉悦感

公共艺术作为公共开放空间中的艺术形态存在,首先为公众带来视觉美感,其次为人们带来审美愉悦,相应的环境设计是视觉艺术的重要形式,也使公众获得审美愉悦。

(二)培养审美能力

人们在与公共艺术作品不断接触中,往往会受到其造型的影响逐渐培养形成艺术造型能力。*Agent Crystalline* 被塑造成一座能连接天空与陆地的"灯塔",它坐落在加拿大埃德蒙顿警察中心西北园区的大楼前。装置与地面有三个接触点,呈现出一种等待着发令枪发出号令,随时准备奔跑的姿态。

(三)营造审美意境

公共艺术作品能激发公众内心的欲望和情感,再通过理性来调节、引导、净化,把感性的冲动、欲望与情绪纳入审美中。

三、促进民间艺术发展

无疑公共艺术可以在一定程度上促进民间艺术的发展。艺术创作可以从民间艺术中挖掘和整理出部分文化精髓和艺术元素,使其成为当代公共艺术中自然与人文景观、建筑与环境艺术、历史与现实的亮点。民间艺术的应用和创作也可以在公共艺术领域展现其灿烂的艺术魅力。

东巴文化的"万神园"位于云南西北方,是与神灵对话的地方。该公共艺术群在东巴文化遗址上建立,是一个带有宗教性质的公共艺术作品,以远古时期的造型符号、图腾和祭祀场为背景。它是记录当地宗教和民间文化活动的艺术作品,它将少数民族民间文化与神秘宗教文化交织在一起,

展示了古老而神秘的纳西族东巴文化的宗教仪式。“万神园”地域辽阔，是许多“神灵”和宗教符号的家园。它通过石雕、木雕、地面浮雕、绘画等艺术形式，恢复了古代人与自然、宗教与神灵的关系，塑造了人世间万物从出生到死亡的过程。

作品遵循当地的民俗风情和宗教仪式进行创作，借助古老的东巴舞表演，使肢体语言和公共艺术作品高度兼容，以非常原始的形式表达了东巴文化中的宗教与神灵，向人们重现了东巴文化的原始生态艺术。

四、为当代艺术提供展示场所

（一）地域标志功能

许多公共艺术作品具有特定的纪念性和生动的视觉特征，并随着时间推移自然地成为地域标志，如中国的长城、巴黎的凯旋门、悉尼的歌剧院、罗马的斗兽场、埃及的金字塔等。这些公共艺术作品逐渐成为这个国家或城市的形象代言，甚至成为社会文明和城市文化的象征之一。

巴黎凯旋门，即雄狮凯旋门，位于法国巴黎的戴高乐广场中央，是拿破仑为纪念1805年打败俄奥联军，于1806年下令修建而成的。它是欧洲100多座凯旋门中最大的一座。其中最吸引人的是刻在右侧（面向田园大街）石柱上的“1792年志愿军出发远征”，即著名的浮雕《马赛曲》，是在世界美术史上占有重要地位的不朽艺术杰作。

（二）文化传播功能

公共艺术作为构建当代城市面貌的文化载体之一，具有传递信息的重要功能，其主要表现在历史、审美、生活、公益以及地域特色文化的传播五大方面。公共艺术中涉及的历史和文化信息，可以为人们了解古今生活、文化提供基础。公共艺术的文化性和对公众的教育性，引起我们对公共艺术未来发展的重视和引导。针对目前公共艺术存在的文化内涵缺失、创新精神匮乏、制度建设不完善以及公共艺术创作者自身的局限性等问题，为顺应公共艺术的多元化、人文化和综合化趋向，我们应当努力传承中国传统艺术的精髓，致力于现代公共艺术的创新。

土人景观设计的秦皇岛唐河公园项目中的核心景观——红丝带，是一个富有文化内涵及民族情怀的景观装置。设计者设计了一条以玻璃钢为材质的，长达500米的“红丝飘带”，整合了步道、座椅、环境解释系统、乡土植物展示、灯光等多种功能和设施。其中最突出的特点就是中国红的运用，旨在以一种充满活力的方式展示中国社会主义的文化价值。

第二章 公共艺术的门类

第一节 壁画艺术

艺术的发展始终适应着人们的生存、生产或生活。历史经验告诉我们,在经济发展、社会进步的前提下,人们乐于享受公共艺术,并借此来改善生存环境和提高日常生活品质。随着人类进入新的时代,环境问题成为人类生存和发展的根本问题之一,同时由于设计领域的观念和意识的更新,回归环境、回归自然又成为人类生活的一个公共性主题。

壁画不仅是环境的装饰,而且也是环境的重要组成部分,壁画的内容能够直接地传达特定环境或特定区域中人们的艺术理念和气息。因此,壁画创作首先应该考虑人与环境的对应关系,它们既是对环境的诠释,也是对环境的拓展,它们使得某一个具体的、有限的场所和空间升华成一个具有某种抽象含义的、无限的艺术空间。

一、公共空间中的壁画艺术

关于"壁画"的概念,在《中国大百科全书》的美术卷中将壁画定义为一种装饰壁面的画,包括用雕刻、绘制,以及其他的工艺手段或造型手段在天然或人工壁面(主要是建筑物的内外表面)上制作的画。壁画作为建筑物的附饰部分,通过建筑与绘画的相互适应,达到建筑的实用性与绘画感染力的和谐统一。这样既具有意识形态方面的功能,又具有建筑的装饰与美化功能，体现壁画艺术的重要价值。

通常，“壁”是指与地面垂直的建筑体墙壁，或者是在性质或形态上有着立面概念的实体。从壁画的意义上来讲，“壁”泛指所有人为或自然空间的面体。

最初的“壁”是天然形成的，如自然环境条件中的石壁、岩壁等。后来，逐渐发展成为建筑装饰，产生了人为的“壁”的概念。人们借助建筑的墙壁挡风避雨、避免天敌侵害的同时，也可在自然的空间中围合出一个人们自己所占有的空间，从而改善生存的条件及生活的品质，产生一种生存的安全感与独立感。

壁画艺术应该是人类文化活动中最早独立出来的一种绘画艺术形式。从现存的史前时期的绘画遗迹来看，最早的就是壁画。壁画可以分为洞窟壁画与摩崖壁画两种，如敦煌壁画即为洞窟壁画，而云南、广西等地有许多摩崖壁画。

史前壁画在亚洲、欧洲、大洋洲、非洲都有发现，目前为止发现的最早的壁画距今已有两万多年的历史。在中国，发现了大量的摩崖壁画，有的壁画明确地被断定为新石器时代的作品，如内蒙古地区发现的阴山岩画。

今天，随着科学技术的提高，工艺和材料的不断更新，传统壁画的概念已经不能完全适应现期壁画的演变和发展。因为今天的“壁画”，从宽泛的概念上讲，已经从传统形式和内涵上的“平面绘画”延伸到包括非绘画性的木、石、铜等综合材料构成的具有立体特征的，并显现在壁面上的浮雕。当代的壁画，其含义和概念如此宽泛，实际上是由于时代在变化。我国著名的艺术家袁运甫教授曾经明确地指出：“在中国独特的社会形势下，壁画是公共性的，是最具时代特征、最具有中国气派的充分体现时代理想的公共性艺术。”

因此，现代壁画就其概念来讲已与传统壁画有着巨大差异，在形式感和材料上更是超越了过去，它主要体现在：①与环境紧密结合，甚至壁画的艺术创作本身，就是建筑功能或空间功能在意义上的延伸和扩展；②材料与手法的多样性产生出丰富的视觉变化。无论如何，壁面是壁画的物质载体，是其最基本的物质基础。

二、公共壁画的作用和形式特征

人们对于艺术的要求,源于物质生活发展的水平和基础。公共壁画使得人们在新的认识下反思人的生存与环境、自然的关系。人们对于生活环境质量的要求越来越高,希望重新建构人类的人文环境和生存空间,因此,公共环境艺术就被推到了一个重要的位置上来加以考虑。

(一)公共壁画的作用

1.壁画与自然环境。自然环境包括山川、水源、植被等,在经过人们的构思、处理后,能够达到一种艺术化的效果,具有一种特殊的人文意境。

自然环境壁画艺术,是在一定的范围内,利用并改造自然面貌或者人为地开辟和美化地形面貌,同时结合植物栽植或艺术形态的加工,从而构筑出一个别出心裁的人工自然环境供人们欣赏。

因为公共壁画是一门新兴的环境综合性科学,所以人类在利用艺术的手段创造和美化自然环境时,就需要将艺术与环境巧妙结合。美国的贝弗利·佩珀就是一个善于改变大自然面貌的环境艺术家,他喜欢用混凝土筑造出多种形状的作品。

2.壁画与广场环境。广场环境艺术是一个传统的市政规划项目。人们对它的艺术感受,可以随着人们的位置移动而产生的丰富的场景变化而变化;视觉上的反应,也随着周围环境景观形象的变化而变化。广场的环境设计被公众所感受到的,应该是一种有韵律的、生动的、富有新意的、具有独特生活气息的艺术创造。因此,壁画作为广场上的公共艺术无疑更加引人关注并成为广场文化精神的重要载体和公众视觉的焦点。随着当今新的技术、材料及观念在壁画设计中的运用,壁画一时成为广场公共艺术建设中的热点,成为塑造城市形象、展示城市历史文化、美饰广场空间及陶冶市民艺术情操的重要手段。

如深圳市东门广场的铜塑壁画《老东门墟市图》,位于广场西侧,艺术家利用近50平方米的艺术浮雕墙体,描绘了老东门的百年变迁,生动再现了老东门墟鱼行、布行、金行和百货小吃等多个行业,纵横交错的商业街被誉为“东门清明上河图”,展现众生百态,世俗风韵,这些都是深圳的历史中值得被记住的点点滴滴。这种壁画在题材与形式表达上都充分体现了地方特色，成为广场的亮点，同时也提升了广场的文化品格。要使城市广场成为人气旺盛的空间，成为一个真正让艺术影响环境的空间，现代壁画是重要手段之一，它对城市空间的美化、城市空间的升华起着不可替代的作用。

3. 壁画与园林环境。园林环境艺术在当代艺术概念上主要指，在一定的地区和范围内利用大自然地貌或人工技术改变山水环境的自然特征，结合雕塑、壁画、植物、楼厅阁榭等创造供人们欣赏、居住的幽雅环境，给人以贴近自然的审美享受。

罗马尼亚的康斯坦丁·布朗库西，是一个主张现代浮雕壁画应按照材料的属性来表现的艺术家。他在罗马尼亚特尔古日乌设计的《吻之门》，是纪念1916年第一次世界大战中牺牲的罗马尼亚战士的纪念碑的一个组成部分。此门在特尔古日乌公园的正中，因为在这个门上刻有浮雕“吻”的图案，故称《吻之门》。这种设计使整个公园顿时增色，并成为整个园林环境的一个重要组成部分。

4. 壁画与公共建筑室内环境。随着技术的进步和建筑环境艺术的快速发展，公共建筑的环境艺术化已经成为一种具有实用性及审美价值的艺术追求，壁画艺术与其他的建筑构成元素一样，是公共建筑中富有生命力的不可缺少的元素之一。

室内环境空间对人们的情绪有着极大影响，因此，美化室内空间是室内环境艺术建构中的首要要求。根据室内使用功能的要求，以及建筑空间结构的限制，壁画的构成在形象、色彩、材质等各个方面都必须服从环境条件，从而创造出一个舒适的环境，来满足人们在生理和心理上的特殊需求。

5. 壁画与公共建筑室外环境。公共建筑的室外环境，是人们日常生活、工作中不可缺少的场所。在室外建筑环境中壁画艺术的作用更为重要。

壁画是美化公共建筑的主要元素，可产生亲切感和温暖感，激发人们对艺术的感知。因为壁画作品的存在给室外的环境增添了许多亮点，并赋予建筑自由活泼的气氛，所以任何一个城市的火车站、机场和汽车站等城市地标都以壁画表现城市的文化气氛,以此表现城市的文化水平。壁画的存在,不仅能使人们获得轻松愉快的感觉,同时也在轻松愉快之中减轻了人们在城市生活中的烦恼和压力。

由此可知,壁画要达到和所处环境的和谐统一,必须符合公共环境建筑的功能要求,并且运用自身的艺术语言使之与环境完美结合。公共环境中有无壁画对人们的心理与视觉产生的影响是不一样的,而壁画艺术作为人们喜欢的艺术表现形式自然有其独特的艺术价值。因此,壁画艺术与公共环境的统一和谐有着以下的基本原则和要求。

(1)壁画的整体性:所谓壁画的整体性是指壁画与建筑墙面相协调,即壁画艺术应该适应墙面的要求,当然,这也包括了墙面所依附的建筑和建筑周围的环境。

壁画并不是建筑中盲目的装饰,它和建筑应该是一个完整的有机统一体。在特定的公共环境中壁画与环境之间相互补充、相互作用。若使用不当,就会显得支离破碎、不伦不类,成为可有可无的堆砌,最终导致环境格局的散乱而失去建筑整体的统一。

(2)壁画的公共性:因为壁画艺术是大众生活所拥有的空间艺术,大众对其参与性和互动性愈高,就愈能表达壁画的艺术价值,所以壁画所处的环境具有公共性,且大多处于室外或室内的公共场所。这样壁画便可以受到社会的评价,尤其是从艺术审美方面。壁画应尽可能地使更多的观众产生审美共鸣,从而使广大的公众获得艺术享受与社会启示。

(3)壁画的多样性:运用于特定建筑环境中的壁画,受到不同建筑壁面及建筑的功能、性质、材料等多方面的影响,直接导致了壁画艺术的多样性。特别是材料的日新月异,极大地带动了现代壁画艺术在题材、内容、手法、形式、风格上的多样性。

(二)公共壁画的形式特征

壁画是环境艺术的一个组成部分,其表现形式是灵活多变而又受到制约的。壁画的成功与否,既取决于特定环境中功能与内容的需要,又取决于各种环境因素的相互协调,同时还要顾及壁画艺术制作的工艺性、技术性和可操作性。

以下简要说明几种主要的公共壁画艺术的表现形式。

1.叙述性表现形式。这是一种常见的表现形式，犹如讲述一个故事一样，有一个较为清晰的时间轴线，有详略得当的主次安排。所不同的只是它们进行的是空间性的形象表达，关键的情节分布在画面的视觉焦点上，背景及辅助性的细节可作为一种环境化的配置。它们在题材的表达形式上类似于写作中的叙述，可以分为顺叙、倒叙与插叙。其中，倒叙性的形式是较为常见的，因为故事的结果往往就是主题的所在，应该加以强调与渲染。如壁画作品《火红的年代》《激情岁月》，将几个重要部分以视觉语言的方法再现出来，完整地加以叙述。

2.纪要性表现形式。壁画的艺术语言，只能摘取历史长河中的几个瞬间，通过这几个瞬间去表现整体，通过直观的视觉形象震撼人心。如壁画《历史回顾》，这幅壁画作品取材于中国历史。它以一个静态的瞬间场景叙述了孙中山领导的辛亥革命，进行了概括性和纪要性的表现。

3.罗列性表现形式。罗列性表现形式是把所要表达的主题内容中具有代表性的形象逐个地排列在画面上。这种表现形式既不需要画面的连续，也不需要分明的主次安排，彼此间的关系较为独立，不像叙述性和纪要性的表现手法需要有次序的、线性的结构，它们更接近于说明文中分类别的说明方法。需要注意的是，壁画中的每个形象主体都必须紧扣主题，为表现主题服务。

4.场面性表现形式。场面性表现形式适合宏大场面的描绘，以群体活动为特征，主题内容鲜明突出，常常采用场面性的表现形式来进行艺术性的组合。它们一般不以阐述一段具体的故事为目的，也没有时间的延续，仅仅是在时间的流动中，截取某一个瞬间的印象，记载下这一刻的场面性情景。如壁画作品《革命故事》，通过特定的艺术表现形式，再现了“革命”这一特定主题中几个英雄的画面。

第二节 雕塑艺术

公共空间中的雕塑艺术是指在城市公共空间中放置的雕塑，是城市人造景观之一。公共雕塑在城市空间环境中，旨在美化和优化环境，构建环境的整体意义；同时凭借自身的艺术形象特征，成为城市空间区域的景观，营造公共空间的艺术氛围，渲染并增添了城市的愉悦氛围和优雅格调，使我们赖以生存的城市环境充满诗意和情调。由此可见，公共雕塑是根据城市公共空间、文化内涵和审美特征来界定的，是城市文化思想的表达与陈述。从技术集成的层面来讲，公共雕塑是用雕、刻、塑、焊、敲击、编制以及新型技术和手段创造三维空间形象的艺术。

一、公共空间中的雕塑艺术

雕塑的概念具有狭义和广义之分。狭义的雕塑包括“雕刻”和“塑造”。“雕刻”是指使用工具对某种物质材料进行挖凿削减，如人民英雄纪念碑主要使用雕刻；而“塑造”是手工或用工具累积添加黏合剂材料，如芝加哥的《火烈鸟》雕塑主要使用塑造。雕塑艺术的三维成型主要通过“雕”与“塑”的行为或“刻”的手法完成，材料被加工和生产，通过改变空间体量形成三维造型。广义的雕塑是指应用特定材料来实现空间制作，创造出包含主题、思想、艺术及审美的作品。其空间制作的方法不仅是雕刻和塑造，还通过其他方法达到增添与削减材料的目的，因此，艺术行为和结果都具有重要的价值。

雕塑存在于特定环境中，特别强调整体效果的一致性和整合性。它有两方面的含义：①雕塑占据一定的空间，是这个空间的存在实体；②雕塑存在于与周围空间的互动中，两者构成了一个有机整体。雕塑以其独特的空间语言、材质和造型结构在公共环境中呈现视觉焦点和象征意义，让人们感受到它的形式美及审美内涵。

雕塑在公共空间中表现多样，并以丰富多彩的表达手法和视觉形态广泛应用于公共场所。现今，国内外的雕塑已经打破了常规，以更具创新性的形式传达了大量的信息和内涵，尤其是现代雕塑往往表现出“抽象”的美感。

二、公共雕塑的作用和形式特征

雕塑是一种将空间、思想、形态等元素结合在一起的艺术，是公共艺术中最重要、最原始、最直接的造型艺术。表面上看公共雕塑的艺术性仅仅体现在其外观形式上，实质上人们追求的是抽象形体中所表现出的思想和传达的理念。优秀的雕塑注重主题和文脉的表现，可以突出其内在的精神和文化性，是一个城市整体形象的代表。

（一）公共雕塑的作用

1. 公共雕塑与环境的和谐。在城市大发展的背景下，雕塑既依附于“环境”，又需从“环境”中表现出个性化的艺术特征，具有协调性和效果的丰富性。这是现代公共环境衍生的价值系统所建立的趋向准则，是衡量公共雕塑与环境和谐的一个重要尺度。

（1）营造城市文化生态：城市雕塑矗立在公共环境中，与周围的环境密切相关，在客观上形成了城市雕塑与城市环境之间的生态空间关系。

城市文化生态空间由城市的许多元素组成。城市建筑是城市文化生态空间最基本的部分，当城市雕塑作为城市文化生态空间的参与者进入城市公共空间时，原有雕塑的概念随着放置环境的变化而变化。

上海浦东城市雕塑《东方之光》与周边城市文化生态空间的处理是成功的。该雕塑与浦东世纪大道的整体环境和氛围相协调，充分体现了上海浦东作为中国大陆经济中心的区域特色，完美地表达了城市文化生态空间的功能。

德国哲学家谢林曾经说过，“也许个别的美也会感动人，但是真正的艺术品，个别的美是没有的，唯有整体才是美的”。当雕塑进入由城市建筑组成的城市文化生态空间时，往往作为一种文化符号，揭示区域或整体的城市空间的文化性。

（2）传达城市美学理念：毋庸置疑通过城市雕塑可以快速了解一个城市，了解其丰富的内涵和内在魅力，并感受城市最具特色的时代特征和历

史文化底蕴。

城市美学源于人们对自己生活空间的装饰需求。著名的英国建筑师和城市规划师吉伯德相信“功能和美丽是建设城市的两个主要问题,城市中的美不是事后考虑的事,它是一种需要”。凯文·林奇也提道:疏忽城市的整体艺术是一个危险的错误。

如著名建筑师安东尼奥·高迪设计的巴塞罗那古埃尔公园。有人曾说:即便高迪一生只设计了“古埃尔公园”这一个作品,也足以让他名垂青史。因为时间已经证明——“古埃尔公园”是高迪创造的一个奇迹,一个不老的乌托邦。作为世界文化遗产,它用乡土材料,将建筑雕塑、休闲广场、道路走廊、公共设施与自然环境融为一体,呈现出一个美轮美奂的城市空间,同时也赋予了巴塞罗那独特的城市美感。

事实证明,在城市文化的传播和展示效果中具有审美特征的文化载体远远优于没有审美功能的文化载体。从这个意义上说,我们必须考虑美学对城市文化载体的影响。城市雕塑是城市美学的主体,也是城市美学的载体。

2.公共雕塑与地域人民的精神契合。

(1)增强城市可意象性:凯文·林奇在《城市形象》中提出城市元素中最容易留下深刻印象的是城市的道路、边界、区域、节点和标志物。在构成城市形象的各种元素中,城市雕塑占有一席之地,并且正日益成为不可或缺的组成部分。图像隐含在有形物体中,有可能为观察者提供意象引导。所以城市雕塑如同城市的名片,以自己的高度可意象性提升环境质量。

(2)彰显城市公共道德:城市雕塑的社会美感主要依赖于社会的道德内容。城市雕塑所表达的文化和道德内容,具有空间性、永久性的特征,以及耳濡目染和潜移默化的作用方式,体现出了城市雕塑的特点和优势。

城市雕塑反映了社会的道德、教育,并逐渐呈现出多元化的功能。因为城市雕塑被放置在城市的公共空间中,只要它是一个公共事物,它就是公共意志的表达,它在公共空间中的道德作用也不会消失。

城市雕塑的主要功能是提升城市意象,突出城市公共道德,营造城市文化形态，传达城市美学，是城市空间最具人文特征的公共艺术形式。

（二）公共雕塑的形式特征

当代公共雕塑的形式某种程度上体现了当今城市文化的走向，在纷繁复杂的雕塑造型中提炼出雕塑的形式语言，并对其特征进行提炼，可以从另一个角度来揭示城市的文化状态，从而使城市设计更具有人文的深度，也使公共空间的艺术更具有人文的内涵。

1. 公众参与的互动性。城市雕塑最重要的特征是其宣传性和社会性。城市雕塑不仅应考虑城市美化的问题，而且更重要的是它还需要反映社会现实，以实现城市中人们的相互交流和沟通、人与物的对话，实现真正意义上的互动交流。如城市雕塑《深圳人的一天》。

2. 文化生态的融合性：如今城市在社会文化和物质形态方面经历了极为丰富和深刻的变化，当城市雕塑家想要将作品放在现代城市公共环境中时，他们必须考虑环境因素的变量。在多元化时代，不同的文化碰撞或结合，公众的日常生活需要公共艺术，需要它独特的艺术形式和审美形式，这就需要创造现代的城市雕塑，除了考虑美学和其他因素外，最重要的是要考虑城市雕塑与城市环境的生态关系，实现文化与生态的融合。

3. 公共空间的标志性。城市雕塑在主题、形式和意义上具有鲜明的区域特征。由于城市雕塑是城市中具有深刻含义的文化符号，因此必须与地域传统、历史和生活习惯相结合。这样可以增强对城市中的人文、传统、历史和其他遗产的记忆。

4. 消费时代的世俗性。当代雕塑自20世纪80年代起从对现代艺术的参照和挪用转向重视大众文化资源，特别是对中国当前现实的关注。在这个过程中，人们清醒地意识到西方现代主义雕塑活动是基于对自己的历史和现实的考察。在传统与现代、东方文化与西方文化的冲突与融合的背景下，由于当代雕塑必须要考虑到社会公众对艺术的需求心理，所以当代城市雕塑以大众文化为主要艺术资源，这不是偶然，而是一种必然。

随着经济的发展和改革的深入，当代艺术市场逐渐成熟，商业社会创造了人们强烈的物质欲望，创造了新的精神家园。人们更关心的是雕塑在表现什么。虽然群众的消费文化不能被视为精英主义，但大众消费文化足以说明公众对文化权利的民主诉求。无论艺术的消费方式如何，公众总能找到自己所追求的价值。因此，从这个意义上来说，与文化贵族时代相比，雕塑艺术的公共消费过程就是“表达自我，展示民主”的过程。

5. 传统文脉的符号化。象征性符号是当代城市雕塑中常用的雕塑语言形式。城市雕塑作为城市文化语境中的文化符号，更加注重对民族传统文化的探索、传承和表达。

城市雕塑是城市空间的造型艺术。与此同时，作为文化符号，它的思维方式始终存在。城市雕塑创作的过程是符号生成和应用的过程，是人类文明的缩影。它反映了材料的美感和工艺的美感，是文化符号的载体和媒介。

6. 材料技术的多元化。新材料和新工艺导致了建筑设计的革命，新材料也导致了雕塑概念的更新。从原始社会中使用石材到使用木材、陶瓷、青铜、铁、钢、玻璃、石膏、纤维、光、气体等材料，材料的发展史也是一部雕塑发展的历史。雕塑的发展也为材料的发展提供了更多的可能性。

艺术观念和艺术手段的更新促进了艺术的创新和发展；艺术概念的变化促进了艺术手段的变化，导致了建筑观念的转变。从科学的意义上讲，材料和工艺是创造的主体。材料和工艺的表现已基本成为当代雕塑的主流。也可以说，一些新的材料领域将被开发，如光、大气、水、电等，材料有其自身的美学价值，关键是要研究挖掘这些材料美学价值的技术手段。

第三节 装置艺术

装置艺术作为公共艺术中的一类，具有更多的可能性和包容性。本节从装置艺术的概念入手，对装置艺术的类型、作用和特性展开叙述，同时讨论了装置艺术和公共空间之间的关系。

一、公共空间中的装置艺术

装置艺术作为公共艺术中的一类，与公共空间有着紧密的联系，它充分反映了变化中的世界。装置艺术所存在的空间环境和社会处于永恒的运动中,因此它们本身的意义也在不断变化和延伸。

(一)装置艺术

1. 概念。装置艺术是一种兴起于20世纪初的西方当代艺术类型。装置最初用于工业设计,包含了装配和并置的含义。目前装置艺术是指艺术家在特定的时间、空间中,将人们日常生活中已消费或未消费过的物质文化实体,进行艺术性的有效挑选、利用、拼贴、改编,从而形成一个新的艺术形态,来展示丰富的精神文化意蕴。装置艺术更侧重于装配、构造、定制的过程,艺术家利用各种媒介与材料在特定的空间场所中创造出蕴含文化精神寓意的艺术作品。装置艺术是由"物"传"情"的艺术形式,将各种看似平淡无奇的现有物品有效选择、重组、解构,形成异化的物体和空间,表达艺术家的观念与情感,引发参观者的思考和感悟。装置艺术是非常开放与包容的艺术,它自由地结合绘画、雕塑、建筑、音乐、戏剧、电影、诗歌、摄影等各种艺术类型,运用一切可以使用的创作手段。装置艺术是一门综合性的艺术学科,它是通过人们的感官、情感等一切感知手段来体验的艺术形式,因此它没有固定的创作模式与展示方法,也不限于用某种技法、材质来表现作品。

2. 装置艺术的特性。

(1)环境性:环境对装置艺术特性的表达起着重要的作用,装置作品的一个重要表述内容就是其所在的环境。环境作为必要因素对装置艺术有重要的影响,因而装置艺术要创建一个能使人置身其中的室内或室外的三维环境。装置结合了物质实体的形态和结构以创造出一个新的生命体,从而给人心理暗示并和人进行互动,这是其他单体都无法实现的。设计师 Giles Miller 的装置作品 *Penny-Half Sphere*。该设计师所在的事务所一直以创作杰出的平面艺术品著称,此次把作品延伸至三维空间,而该作品也成为该事务所首个户外的三维作品。该作品由数百个不锈钢硬币形状的零件,穿插在胡桃木框架内组成。光线通过装置反射而形成巨大的发光体,由此引发出数字化的效果。该公共艺术作品展出于英国 Broomhill Sculpture

公园，为Art Hotel的周年庆参赛作品。

（2）整体性：装置艺术呈现的是一个事件从起源到发展再到完结的完整艺术活动过程，它强调的是小元素与大环境（时空）的协调。以装置《我的心跳与你同一节奏》为例，旨在向巴西的“LGBT+”社区致敬。装置圆筒内装有声音系统，可以播放“LGBT+”活跃分子讲述其经历的音频和讲述故事时他们心跳的声音。《我的心跳与你同一节奏》使用“LGBT+”旗帜上的颜色，从装置核心的圆筒延伸出来，沿着地面蜿蜒形成公共座椅。

（3）互动性：在装置艺术产生的过程中物与人、空间与人、人与人都存在着情感和肢体的交流，这充分调动了人与物之间的情感体验。例如，热那亚欧洲植被展装置艺术，这座名为*Locus Amoenus*的公共艺术装置很好地阐述了这种互动性。设计师旨在用该装置营造共享空间，让来访者与装置以及来访者与来访者之间产生有趣的互动。

（4）开放性：装置艺术的开放性反映在它多种多样的艺术形式中。例如，日本追踪光线装置艺术，从装置透明材料中折射出的风景如融化在玻璃中的冰块，又像是在河底摇曳的水纹，具有神秘的魅力。设计师利用光的折射原理创作该装置。不同角度的平面连接在一起，形成了最后连续变化的效果，光线和颜色经过材料的反射随机变化，异常迷人。

（5）可变性：装置艺术的可变性体现在它的艺术构成和艺术表达会随着时间、参观者介入的反作用以及自然元素等因素的影响而产生变化和延展。以《蝴蝶》的装置为例，该装置为观众营造出一种多感官的迷幻氛围。

（6）隐喻性：装置艺术具有隐喻性。例如，设计师以儒勒·凡尔纳的科幻故事为灵感创造出装置*Boolean Operaor*，在故事中，那些通往地球中心、海洋深处和月球表面的路线，只有通过人们的努力才能找到。这个装置可以勾起人们的探索欲。其双曲面结构不会产生规则的阴影，也不会给游览者提供过多的信息来感知它的尺度或深度，由此理解空间的唯一方法就成了通过它。蜿蜒的小径不仅仅是一种设计，更是由一道光线所产生的暗示，绘制在了这探索欲望的地图上。

（7）再生性：装置艺术的“再生性”指的是20世纪90年代后的许多装置艺术的创作都源自艺术家对于“装置化”手段的再认识并加以利用，特别是在环境构成领域中的运用与结合,它赋予环境设计更多的新思想和内容。克罗地亚里耶卡 Level Up 公共平台装置尝试建立一套设计语言,为正在经历文化再生的 Export Drvo 大楼赋予一个公共性的立面。这场文化再生运动以适应性再利用的方式回应了里耶卡对于工业遗产的忽视。作为曾经繁荣的港口和工业核心区,这座城市如今充满了废弃的工业建筑,而这也为城市的发展带来了潜力。

3. 装置艺术的分类。

(1)按媒介分类。

1)传统媒介式的装置艺术:传统装置艺术的媒介材料基本上是各种物质材料,利用材料特性再进行雕塑式造型,将造型置于环境中进行融合创作。*UGUNS* 装置为传统媒介式装置艺术,它的材料大多是生活中常见的。

2)新媒介式的装置艺术:装置艺术的观念表达和新媒体艺术中的先进技术进行融合产生的新媒体装置艺术,是装置艺术的衍生物之一。新媒体装置艺术具有多维的艺术表现力,结合了数字媒介与物理媒介,也有超文本与图像、视频、音频等媒介的综合利用,能够以更丰富的姿态介入其他设计领域中去共同创造。在新媒体装置艺术中,观众可以及时地与作品进行信息交流并获得相应的反馈,这是一种实时体验的过程,增加了整个装置作品的趣味。新媒体装置艺术多种多样,并非每种都适合运用到城市公共空间中。

(2)按时间性分类。

1)临时性的:直到今天,大部分装置作品仍旧存在于临时状态的公共空间之中,尤其是被广泛运用在各类具有时效性的场所之中,比如展览会、音乐节、嘉年华和设计竞赛等。装置 *Entre Les Rangs* 是第四届 Luminothérapie 设计竞赛的获胜作品。该项目的设计灵感来自魁北克的麦田,当小麦在微风中摇曳时,风景尤其美丽。*Entre Les Rangs* 装置是由成千个灵活柔韧的茎管组成,管状结构顶部附有一个白色的反光膜,这些反光膜利用周围的景观刺激可以不断移动变换,充满活力与动感。

2)长期性的:装置作品随着技术的发展和人们的需求终究会长久存在。最值得注意的形式是具有明显功能的装置艺术构筑物,例如景观小品、公共设施或是一些巢穴、屋顶等。它们与传统景观构筑物的区别在于它们皆具有强烈的精神指向性和丰富的视觉效果。

UAP与艺术家Charles Pétillon合作，将万科集团在北京的一个多用途商业开发项目中的临时性的艺术实践转化成永久性艺术装置。该装置直接参考了艺术家Pétillon的早期作品，由近百个手工打造的不同大小的铝球组成，悬挂在入口中庭，作品为空间提供了有力的艺术干预，将艺术和设计元素和谐地融入了中庭。

（二）装置艺术与公共空间

装置艺术是艺术家根据特定展览地点的空间特征设计和创作的艺术作品，是一个能使观众置身其中的三维空间"环境"，装置艺术与公共空间是互相融合或互相冲突的关系。

1. 与城市公共空间环境融合。城市公共空间中的装置艺术是一种可变的艺术，其根源在于对形式、色彩及尺度的重构，通过对材料进行移动、布置、悬挂、拼贴等方式加减组合物件，确保以更简单快速的方式融入城市公共空间环境。

（1）形态的重构：装置艺术形态的重构可以通过扭曲、重叠、抽象和断裂等手法进行，公共场所的空间形态也随着事物形态的重构发生改变。*Jacob's Ladder*装置高34米，由46吨钢管横切拼接而成。480根钢管相互穿插叠加，上下层钢管长度和尺寸相对增加或减少，并最终形成优美的曲线形态，给人难以置信的视觉假象。

（2）色彩的重构：装置艺术在城市公共空间中所表现出来的色彩冲击与装置艺术一样具有独立性。2014年夏季，东京Emmanuelle Moureaux工作室在新宿中央公园安装了一件全彩色艺术装置，该装置共使用到100种分别染了色彩的织物。这些手工染制物随风飘荡，给人们带来了非凡的景象、飘逸的光影，以及远离现实的想象空间。

（3）尺度的重构：在设计艺术学领域，对尺度变化的把控是可预期和相对的。偏移的重构必须与城市环境特质相适宜，也就是说，区域城市空间尺度构建需要充分考虑自然元素和肌理的影响。图2-1所示装置是一个截面为矩形的大尺度的封闭家具装置。该家具装置尺度和水平形态的设计都是设计师有意为之。巨大长椅从地面冒出,单一线条围合成一个不规整的环形,营造了一种既具公共氛围又有亲密感的环境。

图2-1　家具装置

2. 与城市公共空间环境冲突。装置艺术是具有相对独立性的空间复合体。在中国,装置艺术曾被称为观念艺术,经常运用在当今城市的公共空间环境中,使其与空间环境中的建筑、植物等形成对比,成为被大众审视的对象。这种形成对比的表现方式在城市公共空间环境中主要有三个状态。

(1)环境再造:在现代的城市公共空间中,当将其他元素转移到这个城市的公共空间中时,往往会加入代表特定区域和特定时间的设计元素,这种代表一种物象的设计元素就使人联想到它原本所处的环境,并且由大众审视,从而使得其本身的意义发生改变。图2-2所示装置的灵感来源于在山中栖息的野生动物,该装置以一种介于游戏和雕塑之间的形式与自然环境和谐相融。

图2-2 环境装置

（2）篡改再造：与环境再造相比，篡改再造重视的不再是装置艺术作品所处的环境，而是艺术作品所表现的事物本身形象特征的变化。在艺术创作过程中，通过对形和材料进行变换和重组，形成新的物质外观，同时也保留原有的物质特征。例如，赫尔辛基露天博物馆Y装置的设计结合了数字化装配与建造技术，发掘了木材在当代建造中的更多可能性。它实现了建筑师与木工，传统工艺与数字化设计的多样融合。

（3）形式转化再造：装置艺术家的创新思维体现在对传统形式的转化再造，通常表现为对材料的创意利用，通过对比、模仿等方式进行艺术创作。艺术家Shiota通过编织血红色的纱线，创造出庞大复杂如同神经脉络般的网状装置，引发人们思考存在的意义。她编织了精妙复杂的网状纱线，创造出来如同飞机飞翔在半空中的视觉效果。血红色的纱线纽带具有象征意义，艺术家以此暗示了人身体内部的复杂神经脉络。

二、公共装置艺术的作用和形式特征

美国艺术批评家安东尼·强森这样说道："装置所创造的新奇的环境，也引发了观众的记忆，产生以记忆形式出现的经验，观众借助于自己的理解，又进一步强化这种经验。因此，装置艺术可以作为最顺手的媒介，用来表达社会的、政治的或者个人的内容。”由此可见，公共装置的作用和形式特征都与参与者和环境空间密不可分。

（一）公共装置艺术的作用

1.激发城市公共空间的活力。装置艺术主要是从两方面激发城市公共空间的活力：一是装置艺术依靠它自身的一些特性作为一个相对独立的个体融入公共空间中，成为空间景观构成的元素之一，并利用装置的个性去丰富和活跃空间氛围，从而增强空间活力。二是传统的城市公共空间设计侧重于功能和形式的融合与统一，但在一定程度上忽视了人与场所的情感交流，场地的活力自然会大大降低。《绿地中的红折纸》装置艺术使得往日偏远的城市“后杂院”成为居民乐意前往的城市“前厅”。装置艺术的融入，使得孩子们的上学之路也变得活泼有趣，周围的居民也有了一个亲切宜人的户外生活场所。

2.增强景观互动与空间参与性。装置艺术的衍生物还有一大类就是互动装置艺术，其显著特点就是利用新媒介等新科技和高科技材料来促进互动。*Paint Drop* 是一个创意性的公共互动装置，从视觉上连接了主广场和新开业的零售店，在引人注目的同时，更通过一系列色彩缤纷的、“飞溅”的油漆点来吸引周围的顾客。该装置是由8个反垂曲线形拱体组成的系统，这些拱形结构沿着设计好的路径相互连接，与地面连接的地方会形成一个巨大的滴溅色块，艺术家将座椅和休息区设置在这里，从而为装置赋予了功能性。地面上的沉浸式图案更进一步增强了游客的体验。

3.带来新的空间体验。装置艺术塑造的新奇空间，带来的互动体验和多种感官刺激，超越了人们对空间的传统认知，突破了原有空间景观设计的局限，为城市公共空间赋予了一些新颖而梦幻的元素。例如，一个由艺术家Thilo Frank安装在丹麦亚勒鲁普的永久性艺术装置。光影在这里跳跃移动，人们通过在这里探索和认知变幻的三维形状和光影变迁，让这个雕塑作品也变成一个具有无穷奇趣的乐器。游客在这里得到动、行、光、声等多重体验。

4.城市景观地域的多意性。装置艺术的多意性从多方面加强了城市景观对于地域性的塑造，并具有丰富的语义内涵，复合了两者间的潜在性质，丰富了传统景观表达地域性的手段。台湾筌屋将鱼筌的制作方法用于装置艺术的创作中，以此来吸引人们的关注，驻足片刻，静静欣赏日月潭与邵族传统文化的美好。

5.通过隐喻表达城市文化观念。城市形象的塑造与城市文化的渲染密不可分，展现城市文化内涵的景观空间是提升城市空间品质的手段之一。装置艺术作品可作为文化的物质载体呈现出一定的文化观念，这种文化观念的展示是通过一种隐喻的手法展现的，比起那些直白的作品更具有深度与内涵。图2–3所示装置的拱结构由自身平面内的竖向荷载作用所形成，且拱券两侧均处在同一基底上。这一受力形式恰好可以用来隐喻该装置的深刻含义：整个装置象征着南非的民主主义制度，而拱的基底则是南非宪法。

图2–3 约翰内斯堡装置

6.体现人与场所的情感关系。装置艺术在城市景观设计中的一个鲜明特征是体现人与场所的情感关系，人们走进设计师所创造的景观中，感受作品传达的情感意境，从而获得精神感悟。*blu Marble*是一个巨大的LED装置，描绘了地球在太空中的实时景象。人们可以将自己置身于一个从未体验过的空间形式和尺度中，进而思考自己的存在。这个具有反思意义的项目为人们提供了一个新的视角，去思考自己在宇宙和空间中的存在形式。同时也有助于人类针对现状，做出一些积极的改变。

（二）公共装置的形式特征

1. 抒发情感的独立存在形式。公共装置是与环境空间形态结合的艺术表现形式，它服务于诸如商业推广、政府行为或慈善活动，不论装置艺术作品是为了何种目的而存在，其最终目的还是传导某种情绪、渲染主题氛围或是哲学隐喻等，从而提升空间场所质量与整体效果。以葡萄牙Storyline展馆装置为例，该项目的灵感来源于雕塑家阿尔贝托·卡内罗的格言“绘画即是身体的写作”。设计师以空间的写作作为设计内容，利用连续移动的线条来实现写作这一方式，构成了一种三维结构，将观者带入这个由图形和动态相结合的塑料空间中，并通过其中的150幅插图实现空间的统一。这些移动的线条很细，并遵循严谨的几何展开，它们连接了作为主角的图片，构成互相联系的故事线。设计师以最简洁的方式打造了这个独特的空间，并邀请人们进入互动。整个设计为人们带来了重叠的感知体验和意想不到的关系感受。

2. 兼顾实用功能的独立存在形式。装置艺术通过特殊的材质语言、材料进行合理选择，运用多元技术手段的审美属性，以及装置艺术的互动参与特性，使得装置艺术作品具有实用功能，构筑形式与功能统一的综合体，比如在公共空间环境中出现的装置化公共设施等。装置《迅离》三个模块化的设计可以被组合成各种不同的形态，在不同的地区都能激发民众不同的使用方式，增加项目的互动性和参与度。

3. 以空间界面为载体的非独立存在形式。艺术家们经常大胆地尝试将艺术手法运用于材料，以使其与空间环境融为一体，强调其与所处空间环境的联系，形成空间界面的重构。结合空间环境特征，运用设计的加减法在自然生长的形态上表达设计理念。装置《无际》是由ETFE材料制作而成的幕障，从传统建筑拱券向庭院地面延展，形成一个新的三角形空间。空间随着阳光的透射和风的吹动不断变化，成为人们日常休憩交流的公共场所。

第三章 公共艺术设计理论

第一节 市民社会与公共领域理论

众所周知，西方公共艺术的产生与发展都离不开其特有的社会背景与文化语境。西方市民社会更多体现的是自由精神，而作为市民社会一部分的公共领域，既是大众行使公民权利的区域，也是承载公共艺术的重要土壤。根据公共艺术专业理论的培养要求，市民社会与公共领域理论应作为公共艺术设计学科建构的重要理论基础之一。因为，市民社会与公共领域理论将帮助我们由表及里地对西方公共艺术有更深刻的理解和判断，对开展我国本土化公共艺术创作实践具有很高的借鉴价值和指导意义。

首先，日本著名社会学者植村邦彦撰写的《何谓“市民”社会：基本概念的变迁史》可以作为该理论的重要读本之一。我们以亚里士多德、洛克、卢梭、黑格尔、马克思等的思想为轨迹，对市民社会的思想起源到现当代各国市民社会的现状这一全球性的演变过程展开翔实的阐述，是公共艺术专业研究市民社会的重要思想基础。

其次，杨仁忠先生的《公共领域论》将公共领域从市民社会语境中提取出来进行研究，并以古希腊、古罗马、中世纪、近代到现代的时间推进为线索，对公共领域的生成发展、理论特征、运行机制、宪政民主功能及中国意义等问题展开了详细的梳理和分析。我们考察了康德、阿伦特、哈贝马斯等专家的公共思想与理论，对公共领域及其概念进行了界定，并在东西方不同语境下探讨了公共领域及其理论的时代价值。

再者,哈贝马斯先生所撰写的《论公共领域的结构转型》被公认为是该领域的经典之作,可作为研习的重点。我们以欧洲中世纪"市民社会"的独特发展历史为源,从社会学、历史学和政治学的角度对"资产阶级公共领域"这一具有划时代意义的范畴加以探讨。同时阐述了自由主义模式的资产阶级公共领域的结构和功能,即资产阶级公共领域的发生、发展及在社会福利层面上的转型,为我们理解西方国家的公共艺术的产生和发展提供了更深层的理论基础。

最后,李佃来先生的《公共领域与生活世界:哈贝马斯市民社会理论研究》一书深入分析了哈贝马斯先生的"市民社会"概念,并将公共领域、市民社会、生活世界、社会批判等问题做了联系统一的论述。同时,还提出东西方市民社会话语的不同概念。对它的研读,将更有利于我们准确地找寻本土化公共艺术设计与创作的方向与定位。

第二节 公共艺术设计的观念与呈现

公共艺术设计不仅是艺术设计范畴内的概念,也是公共文化范畴的概念。与我们通常所理解的"追求美"的艺术设计相比,它具有更复杂的语境,会受到空间形态、公众意识、委托方等诸多方面的限制和影响。因此,公共艺术的设计工作也不可能任由艺术家或者设计师们天马行空自由发挥,它常常是设计师(艺术家)在综合理解公共观念、场所精神、大众审美、城市文化等各种影响因子之后的艺术化呈现。

一、公共观念

公共观念是公共艺术形成并能够持续发展的核心概念,然而,它的内涵并非是一成不变的。在谈到艺术的公共性起源的时候,大家很容易想起古埃及的大型墓葬艺术狮身人面像,或者古希腊的帕特农神庙雕塑,不可否认,在某种程度上,这些彰显皇权或宗教神权的纪念碑和建筑物,带有为

普通人提供膜拜形象的公共属性。但这种以特权阶层的意识形态为基础的“公共性”与我们现在所谈的以公民意识为基础的“公共观念”并不相同。

现代“公共观念”的起源应该追溯至18世纪启蒙运动和资产阶级的兴起，当艺术不再像过去那样完全依附于宗教、皇权或贵族，艺术家开始以创作者的身份出现，艺术才获得了自身的审美权利，也正是这个时候，艺术才开始了它的“现代化”进程。

18世纪到20世纪，百花齐放的自律性的艺术形式为普通大众制造了极其丰富的审美体验，这在14、15世纪是不可想象的。虽然后期过于“孤芳自赏”的抽象艺术常被批评是“过度精英化的艺术特权”，但这两个世纪以来，艺术家们所制造的多元化的视觉经验，事实上为审美公共性的发展提供了可能。甚至，直到今天，这些来自浪漫主义、现实主义、立体主义、未来主义、抽象表现主义的基因依然根植于公共艺术作品之中。

第二次世界大战之后，随着大众文化的兴起，社会文化语境向后现代转变，精英化的现代主义审美被大众的通俗文化意识所取代，艺术与生活的界限被打破。20世纪70年代，H.H.阿纳森在谈及20世纪60、70年代的艺术新动向的时候写道：“这是一个物体的世界，一个日常生活事件的世界，以此来作为创作活动的基本素材。”

由此可以看到，这个时候的艺术创作并没有继续走有精英主义倾向的抽象形式，而是回归到“物”本身，然而，对“物”的关怀，其实就是对“物”背后的日常生活形态和意识的关怀。这时，艺术不再是远离生活的精神产物，也不是某些精英贵族手中的玩物。它开始融入日常生活，并开始产生了改造日常生活的雄心壮志。这个时期产生的观念艺术、行为艺术、波普艺术、环境艺术，都可以看出“公共意识”的影响。正是在这种背景下，美国政府成立了著名的“国家艺术基金会”，并制订了一系列政府支持的艺术计划，“公共艺术”的概念内涵和实施策略也逐渐完善。

（一）第一种情况

政治意识形态或出资方意志占上风时，艺术家的个人风格和公众的诉求都会被搁置。很多城市主题雕塑和纪念碑即是如此，对它们而言，首先应该是国家或某个区域正确价值观的象征物，然后才需要考虑它的审美取向和艺术风格。也恰恰是由于它们强大的象征能力，才成为公共观念的集合。大到象征国家精神的美国自由女神像和人民英雄纪念碑，小到象征某个公司企业文化的各种“腾飞”“奋进”雕塑，它们都是通过建构一个具体的视觉形象来象征或强化某种集体意识形态，这时的艺术家或者设计师的目的几乎是不重要的。

（二）第二种情况

某艺术家或者设计师的艺术风格已经被广泛认可，其作品被出资方从美术馆直接转移到公共空间。比如20世纪70、80年代我们可以看到大量的毕加索、考尔德、亨利·摩尔等大师的现代主义作品被安置在城市公共环境中。这时，艺术大师的名气和声望成为这件作品是否被选择的重要依据。这些现代主义大师的作品与现代建筑在风格上一脉相承，容易和谐相处。但除了装饰之外，它们实际上还承担了对公众的审美教育的职责。以尊重公民身份为前提的公众审美教育也是美国国家艺术基金会发展公共艺术的重要初衷。

（三）第三种情况

一种较为理想的情况，即需要在出资方、艺术家和公众之间互相平衡。艺术家在创作手法上推陈出新，但从主题上贴近公众生活，让公众能容易进入作品语境。出资方成为沟通平台和组织平台，而不是意识形态的给予者。公众不仅仅是观众，更可以是参与者。

例如美国波普艺术家克莱斯·奥登伯格早在20世纪70年代就开始了一系列尝试，他用某种富有幽默的方式改造日常生活中的物体，夸张、变形、放大，它们与生活中人们习以为常的事物相比，既是那么像，却又有疏离感。被放大的事物有明确的参照，制造与公众日常经验的反差，从而营造幽默诙谐的艺术效果。

另外由加泰罗尼亚艺术家约姆·普朗萨设计的《皇冠喷泉》是芝加哥卢普区千禧公园内非常有名的作品。这件互动公共艺术作品由一个高15.2米的立方体和一个黑花岗岩倒影池构成。立方体表面的LED屏幕交替播

放着代表芝加哥的1000个市民的不同笑脸，同样是纪念碑的形式，但亲民的主题让它广受欢迎。

二、场所精神

场所精神的概念可追溯至古罗马时期的“地方保护神”之说。古罗马人认为，所有独立的本体，包括人与场所都有“守护神灵”陪伴其一生，给予其生命，同时也决定其特性和本质。20世纪70年代，诺伯舒兹受到胡塞尔现象学影响，在《场所精神——迈向建筑现象学》一书中阐明了“场所”的概念。

“‘场所’代表什么意义呢？很显然不只是抽象的区位而已，我们指的是由具有物质的本质、形态、质感及颜色的具体的物所组成的一个整体。这些物的总合决定了一种环境的特性，即是场所的本质。”他之后又进一步解释道，“一般而言，场所都会具有一种特性或‘气氛’。因此场所是定性的。”①

后来，“场所”和“场所精神”这两个建筑现象学中的核心概念极大地影响了后现代主义城市设计思潮，后者以“场所精神”为核心所追求的有个性的、有“认同感”的建筑规划方式，很大程度上符合了物质文明高度发达后被城市孤立的人们重新寻求诗意生活的愿望，得到了众多建筑师和城市设计专家的支持。在诺伯舒兹的论述中“场所”并不仅仅是空间，也包括了“土地”和“脉络”，是由具体现象组成的生活世界。因此，城市并不是只是地表的构筑物，而应该包括其背后所隐含的历史、传统、文化、民族等一系列脉络。

“场所精神”是来隐喻“场所”中深层次的、较难把握的特征的，诸如“气氛”和“情趣”等，而这种特征正是场所独特魅力的所在。它是一种总体气氛，让人们的意识和行动在参与过程中获得“方向感”和“认同感”。他还更进一步地认为，建筑师的任务就是创造有意味的场所，帮助人们栖居。这一点与海德格尔不谋而合，海德格尔认为建筑与大地、天空、神圣者和短暂者有着密切的关系，四者相互统一成为一个整体，建筑由此而获得意义。

①诺伯舒兹：《场所精神——迈向建筑现象学》，华中科技大学出版社，2010：1。

公共艺术与建筑一样需要明确地感知场所精神的存在。当人们将这种场所精神具体化为建筑物时，人们能够“有意味地居住”，而将其融入公共艺术作品时，同样可以帮助人们认定“场所”，获得认同感和归属感。“归属感、共同体验的积淀，以及与一个地方相连的文化形式是一个地方文化的核心概念”。

事实上，早在20世纪60年代，大地艺术就开始了将艺术融入自然场所的尝试。其将自然场所作为艺术创作的神启和灵感来源，他们认为作品需要根植特定的场所，才能建构起与宇宙或世界中不可见的那部分直接沟通的路径。虽然，大地艺术从极少主义那里继承的艺术理想，让它更执着于纯粹的艺术情怀而反感消费文化，用现在的公共艺术的概念来说，很多大地艺术家的作品很难被归为公共艺术作品，但大地艺术将环境、场所和过程与艺术创作的实践相结合，在观念上和形式上都对公共艺术产生了重要的影响。

我们熟悉的大地艺术家克里斯托夫妇曾经完成了公共艺术历史上里程碑般的作品《包裹德国国会大厦》。在他们的《包裹岛屿》《包裹海岸》以及《包裹德国国会大厦》等一系列创作中，我们可以看到场所的能量，《包裹海岸》呈现的是人类面对自然时的狂想和诗意，而《包裹德国国会大厦》则充满了政治意味，场所精神的差异让他们的“包裹”行为呈现出迥然不同的视觉效果和文化内涵。

从公共艺术的角度来看，作品放置的所有公共空间都是场所化的，并不是美术馆般的“白盒子”。美术馆是要将所有作品与它原本发生的生活世界隔离开来，将审美体验空间与日常体验空间隔离开来。而公共艺术却恰恰相反，它既要建构自身的观看空间，又要与公共空间中的日常生活相处，在这里审美体验和日常经验高度重合、共生。因此，在不同的场所，艺术作品的能量也就完全不同。

比如克莱斯·奥登伯格为Chinati基金会制作的一件作品《最后一匹马的纪念碑》，它制作完成之后被放置在纽约市西格拉姆大厦的广场上临时展出，很明显这个雕塑与周围的现代城市格格不入，只能被当作是一件造

型都谈不上优秀的雕塑装饰品。

但是作品被放置到得克萨斯州以后一切都发生了变化，粗糙的表面质感、古朴怀旧的色彩与当地的自然环境相得益彰，马蹄铁的造型让人立刻联想到豪迈自由的西部牛仔和他的马，这件作品俨然成了一座牛仔文化的纪念碑。

三、大众审美

大众文化的兴起是20世纪60年代以来一次重要的文化转型。在这次浪潮中，艺术走下审美自律性的神坛，开始更多地关注和参与现代生活、社会意识和大众文化。在这种背景下产生的公共艺术挑战了浪漫主义以来的天才艺术论的观念，公共艺术中的公共属性要求它不能只是艺术家的激情、灵感和自我意识的体现，而是需要创作为公众所接受的艺术作品。

当然，这不是要求艺术家完全不作为，但公共空间中的艺术作品与私人领域的或艺术家为自己创作的艺术作品非常不同，艺术家不能全然将个人审美或趣味强加给公众，应充分考虑公共审美，并将其进行艺术转化，这是公共艺术家或者设计师必备的创作能力。

现代主义艺术自我定位为精英的“高级艺术”，与大众的“通俗艺术”泾渭分明，他们往往致力于发展遗世独立的个人风格，不顾普通观众的理解。完全精英化的审美观念阻隔了艺术与日常生活的联系，也影响了艺术表达与观众理解之间的关系。

在极简主义艺术大师理查德·塞拉的《倾斜之弧》被移走的事件中，我们可以看出艺术家的个人风格与大众审美和日常需求之间的矛盾，尽管塞拉一再宣称这件雕塑就是为此处——纽约的联邦广场定制，依然无法改变它忽视了公众需求的事实。以致在雕塑被移走之后他只有感叹“艺术不是民主，它不是供人民享用的”。

艺术或许不是民主的，但它依然可以供人民享用。在公共艺术的发展过程中，不乏艺术家个人风格与大众审美要求兼顾的成功案例。其中一种较为常见的方式便是搭建交流平台，充分考虑公众意见，或直接邀请公众参与。

中国台湾在20世纪90年代就出台了《文化艺术奖励条例》，鼓励艺术家参与公共空间中的艺术创作以提高民众的审美水平，并给出了一系列的执行办法。多年的完善，积累了不少成功经验。公众可以通过说明会、问卷、访谈和作品导览的方式发表意见和理解作品。

美国艺术家理查德·拜耳为西雅图飞梦社区创作的《一群等车的人》则展现了出人意料的参与模式。这组作品中有五个真人大小的正在等车的人物塑像，由于雕塑形式和内容都与社区中人们的日常生活极为贴近，因此，在雕塑放置后不久就有人开始将自己的日常生活感受反映在雕塑上，下雨的时候会给它们撑伞，天冷有人给它们穿衣，各种节日庆典还会给它们应景地穿上特定的服装。后来，更是从作品衍生出各种仪式、节日、市集和嘉年华，成为社区生活中不可分割的一个部分。这时，公众的审美实践很大程度上拓展了艺术的能量，发现了艺术的可能。

另外，随着科技的发展，多媒体互动技术的成熟，以多媒体互动技术来制造新奇体验，拉近作品与观众的距离的手法也成为近年来公共艺术创作上的新潮流。英国著名的数字艺术团体UVA为伦敦维多利亚阿伯特博物馆设计的作品*Volume*是由46根光柱组成的。当观众靠近光柱时，光柱即会发出不同的声音和色彩的反应。正是由于多媒体互动手法的使用，让本来极为简单的作品获得了一些时尚的意味。

除了从创作过程、主题和形式上充分考虑大众需求，还可以从功能上去进行转化。建筑师们在这种打通审美与实用、趣味与功能边界的方式上做出了尝试与表率。

解构主义建筑师弗兰克·盖里设计的毕尔巴鄂古根海姆博物馆就是其中的典型。这座全是不规则曲线的奇特建筑，有着雕塑般的外形。表面覆盖的钛金属在阳光下熠熠生辉，在周围的水面的映衬下，像一艘停泊于此的巨轮，与工业城市毕尔巴鄂长久以来的造船业传统遥相呼应。

建筑落成以来已经吸引了超过2000万人慕名而来，甚至被认为是比馆藏更值得一看的奇观。它虽然在功能上依然是博物馆，但对毕尔巴鄂这个城市来说，其影响力已经远远超过了一座普通的博物馆。

艺术化的城市家具则是以另一种方式渗透进人们的日常生活。城市家

具本身就是一个充满温情的名称，它的前提是将城市看作“家”。艺术家们通过设计城市家具来关注公共需求，本身就是对日常生活的善意和尊重。美国著名艺术家丹尼斯·奥本海姆就曾经为加利福尼亚州文图拉市设计过一个造型夸张的公交车站。现在也有不少城市在座椅、公交站、灯具、停车位、指示牌甚至井盖上都进行了大量艺术化处理，从细微之处为大众的日常生活提供艺术体验。

四、城市文化

我们在谈论场所精神的时候已经强调了任何场所都不是单纯的区位，它是由自然、气候、形态、质感及颜色等组合起来的一个情境综合区。那么，如果将“场所”的概念具体化到“城市”，我们就可以看出，城市并非只是物理空间，它与历史文脉、社会制度、风俗习惯、道德信仰等人类长期聚居生活的产物无法分割，共同构成了城市文化。英国社会学家迈克·费瑟斯通曾这样描述城市文化：“城市总有自己的文化，它们创造了别具一格的文化产品、人文景观、建筑及独特的生活方式。”[①]

公共艺术设计既然将城市作为主要的创作场域，就不可避免地要将城市文化作为创作和设计的基石。公共艺术需要体现城市生活的动态，展现区域文化特征。在这一点上许多艺术家、社会学家、城市规划专家和城市领导都已经有所认识，也做出了很多尝试。

比如杭州的中山路改造项目，它以展现南宋旧都的御街风貌作为项目的价值核心，关于南宋御街的记忆链接就是杭州这座城市独有的文人情怀和市井文化。但是中山路的改造并没有像其他项目一样，以仿古街或者古建保护的方式呈现，而是以更为艺术性的手法，将不同历史时期的御街生活碎片凝固在此刻。游走在这里的人们，在看到江南灰砖黛瓦的传统建筑时，也会冷不丁地瞅见《四世同堂》这种为普通市民塑造的生活群像；在感叹小桥流水的诗情画意时，也能记得这里还成立了中国的第一个居委会。在御街，历史不只是吊古怀旧，它糅杂着个人历史、市井生活，这一切都被以一种复杂的方式记录在这个城市里。

---

①迈克·费瑟斯通：《消费文化与后现代主义》，译林出版社，2000:247-248。

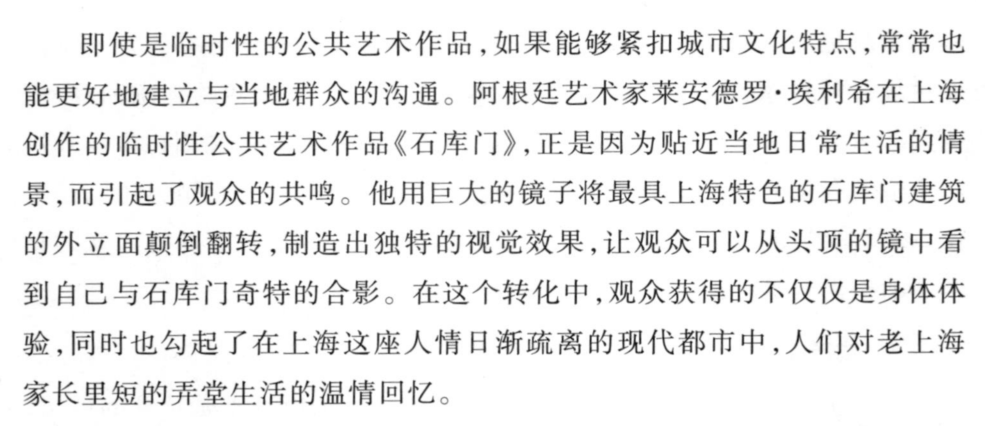

即使是临时性的公共艺术作品，如果能够紧扣城市文化特点，常常也能更好地建立与当地群众的沟通。阿根廷艺术家莱安德罗·埃利希在上海创作的临时性公共艺术作品《石库门》，正是因为贴近当地日常生活的情景，而引起了观众的共鸣。他用巨大的镜子将最具上海特色的石库门建筑的外立面颠倒翻转，制造出独特的视觉效果，让观众可以从头顶的镜中看到自己与石库门奇特的合影。在这个转化中，观众获得的不仅仅是身体体验，同时也勾起了在上海这座人情日渐疏离的现代都市中，人们对老上海家长里短的弄堂生活的温情回忆。

另一方面，公共艺术设计除了将城市记忆作为创作资源，将各种城市文化符号运用到创作和设计中，还应该主动地将公共艺术项目与城市的发展和城市文化的再造联系起来。公共艺术不仅仅是反映已有的城市文化，它本身也是城市文化的组成部分，并参与塑造新的城市文化形象。城市文化从来不是一成不变的，它在不同的历史时期会呈现出不同特点，我们现在所见到的城市文化形象其实就是过去人们活动、交流、创作的沉淀。

香榭丽舍大道、巴黎圣母院、凡尔赛宫、卢浮宫成就了衣香鬓影浪漫优雅的巴黎形象；星罗棋布的教堂、广场、喷泉和博物馆里精美绝伦的雕塑和绘画定位了罗马古典厚重的文艺气质；而自由女神像、归零地、百老汇、帝国大厦、华尔街透露的是纽约自由开放积极理性的共同体意识。人类的文化活动和艺术创作在塑造城市形象上从来都不曾缺席，即使是完全在主流视野之外的偏远小镇，通过一系列公共艺术运动也能获得新生。日本新潟县的越后妻有大地艺术节就是极为成功的案例。新潟县原本是在城市化进程中节节退败的传统农耕村镇，年轻人的离开让这里老龄化严重，十室九空。1996年，大地艺术节总策划人北川弗兰开始尝试用艺术节的方式来重塑地方精神。数十年来，艺术节成功召集了来自50多个国家的300多个艺术家为此处量身创作，其中不乏克里斯蒂安·波尔坦斯基、玛丽娜·阿布拉莫维奇、蔡国强、草间弥生等当代艺术圈的大师级人物。如今积累下来的200多件作品散落在越后妻有各处，每个慕名而来的游客可以从观光指引手册上找到它们。

大地艺术节的成功举办极大地提高了新潟地区的声誉,吸引了大量的游客前来参观,直接为当地带来了巨大的经济收入和文化活力。新潟也从一个默默无名的传统村镇转而变成了当代世界艺术版图中重要的文化小城。这种将艺术项目融合进当地发展的做法,无疑也将成为公共艺术与城市文化相互影响的新模式。

第三节 当代艺术理论

当代艺术与公共艺术的概念定义都具有集合性的特征,如:雕塑、绘画、装置、摄影、影像、广告、设计等,都可以被当代艺术与公共艺术作为载体在公共空间呈现,两者都有向社会发声的创作意愿。尽管当代艺术多在展馆内展出,是一种强调艺术家个体艺术观念的先锋艺术类型,公共艺术则多在城市户外空间呈现,是一种强调大众群体接受的共享艺术类型,但无论是在展馆还是城市户外空间出现,其承载的场地都具有不同程度的空间开放性。可以这么说,两者之间的边线界定有时并不那么清晰,甚至由于相互影响,两种艺术范畴逐渐显现出相偕共生、相互交叉、和而不同的关系。

近年来,随着多元文化的引入和当代艺术的兴起,大众开始接触到并尝试接受更多类型的公共艺术作品。一些公共艺术作品也呈现出形式独特、观念前卫的当代意味。很多时候,一件好的公共艺术作品,同样也是一件优秀的当代艺术作品,反之亦然。

有学者认为,正因为当代艺术与公共艺术之间的交叠关系,当代艺术理论的建构对于公共艺术专业的学生显得非常必要。若能在理清当代艺术理论脉络的同时,全面地了解并掌握相关的创作思路、技法与形式语言,定能为创作出具有艺术性、思想性、引领性的当代公共艺术作品提供帮助。因此,西方当代艺术理论与中国当代艺术理论可作为当代艺术理论建构与研习的基础。

一、西方当代艺术理论

该部分理论以建构西方当代艺术发展的框架脉络为目标，将20世纪西方艺术发展史作为主要研究范畴，重点了解西方现当代艺术的生成、发展、成就及意义。力求对各个时期的主要艺术流派、代表人物、创作风格、形式语言、社会影响有较为清晰的认知与准确的定位。

首先，推荐英国著名学者爱德华·路希·史密斯先生撰写的《20世纪的视觉艺术》一书，该书关注20世纪视觉艺术发展中的各种艺术门类、流派、风格的形成与演进，涵盖了建筑、雕塑、绘画、影像艺术、装置艺术、行为艺术、环境艺术等现当代最为主要的艺术形式。此外，全面地将20世纪各个时段的艺术现象放置到整个时代背景中去分析，既考量了各艺术门类的传承与发展，又探讨了社会生活和时代变迁对艺术的影响。该著作主题明确，图文并茂，能清晰地为学生们梳理出一条20世纪视觉艺术的历史脉络，可作为西方当代艺术理论建构的基础书籍。

其次，有学者认为美国著名教授简·罗伯森与克雷格·迈克丹尼尔先生所撰写的《当代艺术的主题：1980年以后的视觉艺术》可以作为《20世纪的视觉艺术》的衔接补充。该书阐述了1980年至2008年近30年时间的当代视觉艺术发展，并以该阶段极具代表性的当代艺术家与作品为例，重点分析了身份、身体、时间、场所、语言、科学与精神性等重要问题，具有重点突出、时效性强的特点。

理清了现当代艺术发展的脉络，补充相应的艺术批评理论也十分重要。艺术批评理论不同于发展史，它常以专题的方式对某一艺术现象或艺术问题进行归集研究，若有针对性地研读定会对当代艺术形成更加深刻而透彻的理解。

例如：美国当代著名艺术批评家约翰·拉塞尔先生撰写的《现代艺术的意义》，伊夫·米肖先生撰写的《当代艺术的危机：乌托邦的终结》以及王瑞芸先生撰写的《西方当代艺术审美性十六讲》都可以作为该专题的阅读重点。该领域知识的获取与补充，对于公共艺术专业学生的艺术视野、比较分析的能力，以及评判精神的培养与建立有着重要的意义。

二、中国当代艺术理论

近年来，中国本土当代艺术家的创作越来越多地介入城市中更加开放的公共空间，艺术家们将自身对于社会的思考与关注转化为先锋性的作品，以实验性的方式向民众和社会发声，当代艺术与公共艺术之间也出现了更多的交集。因此，研究本土当代艺术的发展历程与面貌，将当代艺术创作的理念与公共艺术创作进行有效的结合，对本土化公共艺术设计与创作有着重要的指导意义。

鲁虹教授撰写的《中国当代艺术30年(1978—2008)》可以看作是该部分理论的重要基础之一。首先，此书通过梳理大量的中国当代艺术作品，以图文并茂的方式讲述了改革开放30年以来本土当代艺术的发展历程，并对20世纪50、60、70、80年代等不同年代出生的艺术家、作品及其艺术创作上的特征与差别展开思考与分析，同时对年轻一辈的艺术家创作出具有文化性、民族性、本土性、时代性的艺术作品提出了殷切期盼。该书不仅仅是一本介绍和展示中国当代艺术的著作，还透过现象分析本质，为学子们提供了艺术思考方法与创作方向上的指引。

第四节 大众文化理论

“大众文化”这一概念最早提出是在西班牙哲学家奥尔特加所撰写的《大众的反叛》一书中，主要指一个地区、一个国家、一个社团中伴随着历史延伸下来的或新近涌现的，被大众所信奉、接受的文化。

然而，我们今天所指的大众文化则是在一个特定范畴下所探讨的，兴起于当代都市中，与工业化进程、城市建设、市民生活、地域文脉、民俗历史、商业消费等领域密切关联的，由普通大众的行为、认知的方式及态度的惯性等所呈现的文化形态。

对于从事公共艺术设计与研究的人来说，若能从大众文化的本体内涵、传播形式、社会效应、精神诉求与受众心理等多方面获取足够的专业知识，无疑能对公共艺术设计如何与社会、城市、受众进行精准地对接提供帮助。根据公共艺术设计专业的理论培养要求,有的学者认为,大众文化的理论基础可以从大众文化本体理论、大众文化媒介与传播理论、受众分析理论等几大方面来建构。

一、大众文化本体理论

大众文化本体理论是从宏观的角度研究大众文化的概念、历史、发展、现象和社会意义的理论。

首先,英国知名媒介与文化研究专家约翰·斯道雷先生撰写的《文化理论与大众文化导论》可作为本知识体系的重要导读书籍,该书是该领域公认的最为权威的综述性著作之一。该书对于这一学科的历史、传统及当下的发展现状做了深入细致的分析,并全面介绍了大众文化、文化与文明、性别与民族、结构主义、后现代主义等重要概念与社会思潮,有助于学生在一定程度上建立对于相关文化理论的认知。

其次,复旦大学陆扬教授所撰写的《大众文化理论》一书介绍了西方大众文化的历史由来,并着力分析了大众文化在中国本土的传播与模式变迁,对于如何将大众文化应用于本土公共艺术设计与创作具有一定的参考意义。

二、大众文化媒介与传播理论

公共艺术创作者应全面了解大众文化的媒介类型与传播方式,从而进一步学习大众文化传播学的相关知识,最终才能充分地运用好大众文化传播的多种媒介,创作出具有广泛社会影响力的公共艺术作品。

首先,约翰·维维安先生所撰写的《大众传播媒介》一书全面介绍了图书、报纸、唱片、广播、电影、网络、新闻、广告等多种大众传媒形式,并对它们的功能、特点、运用、管理、社会伦理、传播效应做了深刻的剖析,有利于学生系统地了解和梳理文化媒介、文化传播与社会之间的关系,为丰富公共艺术设计与创作的形式提供更多的可能。

其次,李岩先生所撰写的《传播与文化》一书解析了全球化、跨文化的当代现象以及大众文化传播的当代意义。它可为学生们在设计与创作中,如何通过更好地融入大众文化进而拓展艺术的传播效应提供更宏观的思考模式。

三、受众分析理论

公共艺术,作为一种当代艺术的方式,它的观念和方法首先是社会学的,其次才是艺术学的,因此,公共艺术的创作者应学会换位思考,站在大众的视角创作出大众所喜爱的艺术作品。因此,研究与分析受众的心理与需求,将有利于公共艺术创作的概念输出,建立起与大众之间的精神联系。

丹尼斯·麦奎尔先生撰写的《受众分析》是西方传播理论研究界公认的最全面的探讨和总结受众问题的著作之一。书中作者阐释了受众的主要类型、传播者的责任、传播者与受众的相互关系等,提出了“从受众出发”与“从媒介出发”的重要观点。书中关于“受众概念的未来”的理论具有前瞻性,对新媒介、跨国媒介、互动新技术的发展与新受众的关系提出思考,为新时代的公共艺术设计指明了方向。

第五节 空间设计理论

西方当代公共艺术是在城市更新的背景下发展起来的,作为公共艺术载体的城市公共空间受城市历史、文化、政治、经济等多种因素的制约和影响,呈现出复杂而多样的特征。而公共艺术以艺术介入城市公共空间的方式体现其具有“公共性”特征的社会价值与艺术价值。因此,公共艺术专业有必要也必须把对城市公共空间的理论与实践研究纳入其教学体系,从而完善公共艺术专业教育的广度与深度。

一、空间构成基础理论

空间构成理论是空间设计学科最基础的理论体系,从包豪斯的设计基础教学到日本的三大构成体系,以及现代综合媒介的构成学研究,空间构成已经形成了完整的理论建构。公共艺术专业的空间基础理论学习,无疑必须借鉴现有的空间构成理论体系,有学者认为可借鉴美国著名建筑学家程大锦所著《建筑:形式·空间和秩序》一书的主要思想与理论,结合公共艺术的专业特点,完善空间的基本特征、空间的构成要素、空间的形式与组合、空间的秩序原理、空间的体验与感知等知识点进行教学与训练，使学生初步建立空间观念与意识，认识空间与公共艺术的关系，进而延伸到对于空间造型、材料、色彩、质感的探讨与认知，拓展公共艺术设计与创作的思维与方法。

二、城市设计基础理论

城市空间作为公共艺术的载体，承载着公共艺术的存在价值和文化意义。而公共艺术则以艺术的方式介入城市空间，建立艺术与社会及公众的联系，促进社会关系的建构。因此，公共艺术教学应建立对城市空间的研究。而西方在近百年的城市设计实践过程中，在不同时间、不同地域的相关理论与思想纷乱繁杂。但目前对于公共艺术设计专业而言，对下述几个思想与理论体系进行借鉴与探讨具有一定的现实意义。

首先是以美国城市理论学家刘易斯·芒福德先生所著《城市发展史——起源、演变和前景》为代表的关于城市历史和发展的理论。在书中，作者详尽论述了五千年来，城市在各个历史时期的形式与功能，并从宗教、政治、经济、文化方面展现了城市社会的发展过程，并以艺术哲学的视角与笔触去解析人类社会，提出城市是人类赖以生存和发展的重要介质。城市不仅仅是居住生息、工作、购物的地方，它也是文化容器，更是新文明的孕育所。书中的一些观点和论述与当代公共艺术的价值取向具有惊人的相似性，是公共艺术专业研究城市文化的重要思想基础。

其次是以美国城市规划学者凯文·林奇所著《城市意象》和日本著名建筑师芦原义信所著《街道的美学》《外部空间设计》为代表的关于城市公共空间设计的思想理论和方法。

凯文·林奇的城市意象理论认为，人们对城市的认识及所形成的意象，是通过对城市环境的观察来实现的。城市各种标志是供人们识别城市的符号，人们通过对这些符号的观察而形成感觉，从而逐步认识城市。他在《城市意象》一书中的一个重要概念就是城市环境的“可读性”和“可意象性”，认为城市空间应该为人们创造一种特征记忆，因为城市“频繁的改建抹去了历史进程中形成的识别特征，尽管它们一遍遍地修饰，试图表现华

丽，但在表象上它们常常缺乏特征”。

此外，书中通过对城市环境五大元素：道路、边界、区域、节点、标志物的分析，解释了城市元素对于市民心理的重要影响。书中强调的所谓边界、节点、标志物等，往往以雕塑或景观构筑物等公共艺术方式呈现，这正好是公共艺术专业课程的重要教学与学习内容。

而日本著名建筑师芦原义信的《街道的美学》《外部空间设计》，则探讨了城市街道的尺度和相关美学法则、城市空间的体验与感知以及城市积极空间和消极空间等城市空间的属性问题，所有这些理论与思想都是公共艺术介入城市空间所要把握和遵循的基本原则。

三、行为研究基础理论

目前公共艺术的研究和创作实践，在关注公共艺术家以及作品的艺术和社会价值之时，却往往忽略了对于“公众”的行为研究，也缺少对于公共艺术作品介入城市空间后的质量评价。因此，有学者认为丹麦著名城市设计专家杨·盖尔所著的《交往与空间》一书关于城市公共空间质量与人的交往行为的研究理论与思想是公共艺术专业可借鉴的重要理论基础。在《交往与空间》一书中，杨·盖尔先生着重从人及其活动对物质环境的要求这一角度，来研究和评价城市公共空间的质量，从空间层次上详尽地分析了公众到公共空间中散步、小憩、驻足、游戏的行为特征，以及促成人们的社会交往的空间类型和设计方法。而公共艺术的核心价值是通过公众的参与与互动，增加社会不同人群的交往，进而促成社会公共生活的产生。因此，《交往与空间》一书的理论和对公共空间的质量评价方法也是公共艺术创作的重要的方法论基础。

第四章 公共艺术设计的类型与形式

公共艺术本身就是一个相对的概念，就传统架上艺术的画廊陈列、美术馆展览与私人收藏的方式而言，公共艺术更具有开放性、公众性和服务性的特点。如果从形态学的角度去理解，公共艺术常指的是公共开放空间中与相应环境空间中传达“场所文化”特征的多种形式的规划、设计与艺术创作。

第一节 公共雕塑

一、公共雕塑的概述

雕塑，作为一门传统的立体造型艺术，以物质性的实体探讨着形体与空间、环境、大众之间的关系，在艺术的发展中占据着非常重要的地位。回望历史，无论是肖像、神话还是宗教雕塑，西方雕塑的经典之作多以公开的姿态展现在公众的视野当中，体现了不同时代的精神与某种意义上的公共性。正如温洋先生所说：“公共的特性也是雕塑艺术与生俱来的本质属性，作为一种以空间表现为语言的艺术形式，它所表现在共有空间中和环境联系上的外延特征都说明了它的公共属性。”

尽管雕塑放置于公共空间，用以表现某种内容的实例由来已久，但“公共雕塑”却是一个全新且具有当代意义的概念。其含义更加宽泛，已经超

出了传统意义上的雕塑范畴。作为公共艺术中最为主要的表现形式之一，公共雕塑的发展为公共艺术创作提供了更多的可能性。

公共雕塑是在城市公共空间中建立的，可供公众欣赏、交流、参与、互动的广泛的当代雕塑形式。公共雕塑在积极探索造型美学、空间构造与技术风格的同时，更强调雕塑的当代都市功能与社会意义。它在一定程度上契合、满足公众的精神诉求，是一种普世态度和人文思想的表达。艺术家们期望通过公共雕塑激活城市空间、美化城市环境，同时能够塑造公众的集体意识，引领大众的思考，进而推动社会的进步。

由于公共雕塑的创作与所处的特定场所空间、多元化的社会文化背景息息相关，我们将围绕纪念性、主题标志性、装饰趣味性和观念性等几大公共雕塑类型进行阐述，旨在为读者理解公共雕塑现状建立起一条有效的途径，进一步为今后的设计、创作与实践奠定基础。

二、公共雕塑的发展趋势

20世纪90年代末，现代雕塑开始从室内走向公共空间。尽管当时的雕塑还仅限于在公共空间展览，但一些有创造性的艺术家在雕塑题材上反映了当代社会的紧迫问题，关注生存，关注环境；在形式上吸收了装置艺术的观念，将日常生活的现成品与雕塑结合起来，这样进入现场的公众更能从自身的经验中感受艺术家所提出的问题。

而今，公共艺术的发展预示着中国艺术的新趋势，更年轻一代的艺术家开始利用现代图像的制作技术与方式，如摄影、摄像、计算机图像和信息技术等，来表达自己的艺术追求与生活方式，他们有可能将中国公共艺术引领到网络时代。

三、纪念性公共雕塑

纪念性公共雕塑，是指通过雕塑艺术的形式，对历史发展中具有重大社会意义与深远影响的事件、人物等主题进行主观记录、描述和塑造的公共雕塑作品。

纪念性雕塑以缅怀追思与歌功颂德为目的，常常通过造型、尺度、材质的结合给人以崇高感、力量感与恒久感，进而使观赏者产生崇拜与敬畏的心理效应。因此，纪念性雕塑也成为最具时间跨度和社会影响力的公共艺术作品。尽管传统的纪念性雕塑所建立的公共关系多数是自上而下的集权意识，但从某种程度上来说，它依旧具备了一定的公共性。因为，纪念性雕塑是人类历史的集体记忆，它表现了专属于那个时代的社会文化和精神追求。

当代纪念性公共雕塑表现形式多样，从造型语言上来划分，可分为具象写实与表现、抽象表达等；从形制类型上来划分，可分为单体、群雕、纪念性艺术综合体等。当下，纪念性公共雕塑将被赋予更高的意义，它将作为最有社会意识代表性的一种艺术形式，继续承载起人类的记忆与城市的精神。

雕塑家黎明先生创作的《青年毛泽东》雕像可以看作是中国近年来最具代表性的当代纪念性公共雕塑之一。雕塑长 83 米、宽 41 米、高 32 米，内部采用钢筋混凝土框架结构，外部由 8000 多块采自福建高山的永定红花岗岩石拼接干挂而成。雕塑以 1925 年青年时期的毛泽东形象为基础，艺术地表现了当年 32 岁的毛泽东胸怀大志、风华正茂的英雄气概。雕塑在彰显湖湘精神的同时，也已成为长沙市的城市新名片。

说到纪念性艺术综合体，斯大林格勒战役纪念性综合体可谓其中最为经典的代表。该艺术综合体位于苏联卫国战争中战斗最为残酷的马马耶夫山冈，是雕塑、建筑、景观、展示与史实陈列相结合的大型纪念性艺术综合体。综合体最为著名的当数苏联雕塑家武切季奇创作的高 104 米的主体雕塑——《祖国母亲在召唤》。雕塑人物身体前倾，剑指苍穹，发出生命的呐喊与召唤，传递着不惧牺牲、前赴后继、冲锋陷阵的国家气概。雕塑位置显要突出，控制着景观视像的制高点的同时，成为整个纪念性艺术综合体的视觉中心。如今，这位顶天立地的母亲雕塑形象，已经成为整个伏尔加格勒市和俄罗斯的民族精神象征。此外，位于南京的侵华日军南京大屠杀遇难同胞纪念馆，从建筑、景观、雕塑、装置、空间展示、史实陈列、爱国教育到场所精神的综合营造，无疑是中国当代最具震撼力的纪念性艺术综合体。

四、主题标志性公共雕塑

主题标志性公共雕塑，是指在城市公共空间中主题明确、标识性强烈的雕塑形式，它常常位于城市广场、主要街区、大型建筑物之间，是城市内在精神的最直观体现。它所反映的主题往往和国家意志、民族意识、城市精神、地域文化、人文历史等息息相关。

安尼什·卡普尔创作的《云门》位于芝加哥千禧公园广场，雕塑高达10米，重量为110吨，由多块高度抛光的不锈钢板焊接而成，无论是白天还是夜晚，城市的高楼景观与观赏的人群都会被投射到雕塑之上。光亮的材质辅以曲面的造型，营造出一种超然的力量和都市感受。由于它的外形特征，芝加哥人将其称为“豆子”，随着时间的推移，这颗极具当代意味的“豆子”已经成为芝加哥市的重要城市标志。

五、装饰趣味性公共雕塑

装饰趣味性公共雕塑，是指一种与环境契合，注重审美愉悦与互动参与的雕塑艺术形式。常位于城市街区、公园、绿地等环境中，对美化城市环境、激活空间活力、提升生活品质有着重要的意义。

荷兰艺术家弗洛伦泰因·霍夫曼擅长在公共空间中创作巨型动物雕塑和营造趣味性空间氛围。从大黄鸭、河马到大兔子，艺术家所表现的动物造型生动鲜活，充满童真稚趣，且在世界性的巡回展出中非常注重参与和互动，深受广大市民的喜爱。

装饰趣味性公共雕塑设置的目的在于让人们在轻松愉悦的氛围中，通过欣赏、参与、交流建立起积极向上的都市互动公共关系。

六、观念性公共雕塑

观念性公共雕塑是一种先锋式的雕塑形式，是雕塑家将独具见解与充满个人语言的雕塑作品放置于公共空间中，力图与大众建立更深刻对话的艺术方式。该类作品的创作并不屈从于大众审美，而多以前卫、尖锐、深刻的方式揭露社会现象与反映社会热点。

安东尼·葛姆雷是一位热衷于社会思考的观念性公共雕塑家。在《都市时间》中，艺术家大胆地将系列化的等大裸体雕塑放置在多个建筑的顶部，当人们看到这一诧异的景象时，会不禁停下脚步，深度思考人、时间、生活的关系。

观念性公共雕塑属于当代艺术创作的范畴，它在城市公共空间中的创作可能受到社会政治与体制背景的一定制约，它的展示常会以短期或艺术计划的形式展开。从某种意义上说，好的观念性公共雕塑可以激发、引领大众的艺术思维与社会思考，并可以作为城市公共艺术的有力补充。

第二节 景观装置

景观装置是展馆装置艺术与城市景观设计广泛结合的一种全新的、空间化的城市公共艺术形式。它植根于城市中，侧重于空间的建构以获取观者的精神体验，是一种强调构造方式的时间性、空间性与参与性的艺术。可以这么说，当代景观装置是“场所+媒介+情感”的城市空间综合展示艺术。它包含了传统媒介景观装置、新媒介景观装置、观念性景观装置等多种类型。

景观装置设计与创作既可以艺术造景，做永久陈列，也可以应对城市庆典与公共艺术活动，做临时性展示。它实现了装置艺术由展馆走向城市，由静态走向动态，由三维走向多维，由传统走向现代的全新交流模式，使观者在观赏中参与互动，甚至不自觉地成为作品的一部分。它跨越了艺术与设计的界限，增强了建筑、景观与城市之间的联系，是城市新形象的重要艺术表达。

当下，快速发展的工业化进程使得城市的个性特征逐步消失。模式化的建筑群落、萧瑟的公共空间让浸润其中的都市人群变得疏离冷漠。如何通过景观装置这种兼具文化性、视觉性、空间性和多变性的艺术类型去构建具有综合感知的公共空间，将艺术带入生活，是具有现实性的命题。

一、传统媒介景观装置

传统的装置艺术是以对现成品的利用、拆解、加工和重组为主要特征

的。当代城市景观装置创作在沿用这种创作理念的同时，进一步突破尺寸、材料、技术和功能的限制，更加自由地运用现成品或传统媒介（木、石、钢、玻璃、塑料等）进行集合创作。

如：2013年7月在葡萄牙阿格达举办的“摇曳的阿格达”艺术节中，作品《雨伞大道》将3000多把色彩绚丽的雨伞悬挂在阿格达的主要街区之上，营造出爱丽丝梦游仙境一般的斑斓景观。作品《阅读巢》则是一座回收利用一万块废弃木板打造的鸟巢形的“微建筑”，旨在城市中建立临时性阅读休息空间，并重申知识的意义。

二、新媒介景观装置

新媒介景观装置主要是指运用声、光、电等新型媒介与数字化、虚拟化等电子软件技术相结合，在城市公共空间中创造出具有新颖视效、交互体验的空间装置作品。

新型媒介作为艺术设计与创作表达的当代化语言，充满了科技性、前瞻性和探索性，让艺术与设计呈现出更加丰富的表现形式、内涵及社会影响力。奥拉维尔·埃利亚松、詹姆斯·桑伯恩、布鲁斯·蒙罗、丹·罗斯加德等艺术家都是新媒介景观装置创作的先行者。

在荷兰艺术家丹·罗斯加德为阿姆斯特丹中央火车站创作的《彩虹车站》中，他邀请科学家用液晶膜制作了一个具有“几何相位全息”技术的滤光器，再将一盏4000瓦的聚光灯透过滤光器散射到车站的玻璃窗上。由于滤光器能有效地散射99%的白光，显出光谱中的所有颜色，因此制造出奇幻绚丽的都市彩虹景象。

在作品*Waterlicht*中，丹·罗斯加德则利用最新的LED照明、电脑编程、光电投射等技术在阿姆斯特丹国立博物馆广场的上空展现了古老城市淹没于海底的奇观。沉浸式的海洋体验唤醒着人们应该懂得更加尊重自然、保护家园，深刻地体现了艺术家用科技艺术化的方式对人类生存环境的思考。

新媒介景观装置创作中，艺术家如同一个个光影魔术师，制造出绚丽夺目的奇妙效果和艺术语境。视觉、触觉、听觉、嗅觉甚至是味觉等综合感知的创造将会弥补传统艺术形式在感官性和参与性上的缺失。它符合当代公共艺术发展的趋势,也使得城市公共艺术呈现出更强大的生命力。

三、观念性景观装置

近年来,一些当代艺术家主动地将观念性艺术与城市户外空间结合,以装置的方式构建个性化的情景空间。如:西野达创作的《战争与和平之间》《鱼尾狮酒店》等。在《战争与和平之间》中,艺术家将悉尼某艺术馆外的两尊纪念性雕塑进行空间围合与场景设置,改变了大众对于经典雕塑的观赏方式的同时,赋予了观者截然不同的视觉感受,旨在将经典纪念性雕塑从人们"过于熟悉而无视"的状态中拯救出来。在《鱼尾狮酒店》中,作者围绕着新加坡标志性雕塑鱼尾狮搭建起豪华型酒店房间,极具现代意味的红色外观以城市新景观的面貌出现在人们的视线中。同时大众也在非同寻常的内部造景空间体验中感受着荒诞、冲击与震撼,整个作品凸显出新加坡的旅游文化与城市精神。

第三节 公共设施

"公共设施"在英语中译为"Street Furniture",有"街区家具"之意。如果将城市广场比作城市的客厅,将城市街区看成是城市的房间,那么"公共设施"则代表着客厅与房间中的"特色家具"或"主题陈设"。广义地说,公共设施一般指城市广场、街区、道路、公园、绿地、建筑等公共环境空间中,具备特定实用功能与艺术美感的人为构筑物。狭义地说,公共设施是包括休息、交通、照明、服务和娱乐等具有公共性与艺术性的城市设施。

在城市之中,街灯、路牌、垃圾箱、报刊亭、橱窗、候车亭、公共座椅……这些看似平常的公共设施已经成为城市景观的重要组成部分。人们在使用这些公共设施的同时,能充分感受到设计者的功能考量与人文关怀,它们的存在成为大众日常生活与城市环境之间的有机连接。可以这么说,"通过与人的和谐相处,公共设施使得城市空间变得更加怡人,从而加强了人与环境之间的沟通,促进了城市与人的共生关系,因此,城市公共设施的品

质将直接关系到城市环境的整体质量”。当代公共设施的设置除了强调设施本身的功能性与实用性之外，更加关注的是公共设施作为公共空间艺术构筑物的复合意义，其特征就是不断融入艺术性、人文性、科技性、实验性和互动性，使之与城市、公众之间产生多重的公共关系。当代公共设施既是地域文化的印迹，更是公众审美、生活品位、城市风格和时代精神的综合表达。

一、公共休息设施

公共休息设施一般是为了人们的休憩、停留、交往、游戏或观赏而设，主要包括桌、椅、凳、遮阳伞、凉亭等单体元素或多种复合形式的设施。当代公共休息设施无论是构思、造型、色彩、材质都有了全新的突破，作为一种精神符号，它完全地融入大众的日常生活中。

杨·盖尔在《交往与空间》中曾谈道：“所有有意义的社会活动、深切的感受、交谈和关怀都是在人们停留、坐着、躺卧或步行时发生的……改善一个地区的户外环境质量，比较简单且最好的做法就是创造更多、更好的条件使人们能安坐下来，良好的休息设施将是公共空间中许多最富有吸引力的活动开展的前提。”艺术家内田繁为东京六本木新城所创作的《只将爱》是一个别具一格的公共座椅。其造型如同轻盈舞动的红色波涛，非常抢眼。据悉，该作品是艺术家根据自己常听的一首爵士乐《只将爱》的旋律创作而成。

IBM公司遵循“奇思妙想打造智慧城市”的理念将传统的户外广告与长凳、雨棚等相结合，为市民提供了一系列充满创意的公共休息设施。同时，也表现出设计师对于人性的思考和关爱。

二、公共照明设施

公共照明设施是指用于各种场所、活动的夜间采光和环境装饰的照明灯具与设施，可分为装饰照明、道路照明和景观照明。公共照明设施具备情绪调节、空间塑造的能力，也能为大众营造出一种全新的空间感受。

当代公共照明设施很多时候构思奇妙，通常在满足了功能照明需求的同时，以一件独具创意的公共艺术作品的姿态在城市空间中展现。如：位于耶路撒冷瓦莱罗广场的景观照明设施就大胆地将花的元素与可充气装置融入设计，进而让灯源的开关与花的开合紧密相关，创造出极具科技感和视觉冲击力的当代公共照明设施。

三、公共服务设施

公共服务设施是指电话亭、书报亭、垃圾箱、自动售卖机等为人们提供通信、卫生、便利和服务的公共设施。尽管大部分的公共服务设施体量小、占地少，设计师们仍能在这方寸之地上融入公众需求与创意元素，在美化环境的同时，提升人们的生活品质。

四、其他公共设施

除了以上几种公共设施，还有公共道路设施、公共交通设施（铺装、坡道、指示牌、防护栏）、公共娱乐设施等。总体来说，当代公共设施的设计形式更加多元，美感与都市感更强。设计师力求有效地利用周边环境，努力做到改造有度，和谐统一。此外，当代公共设施不仅给人们的生活带来了便捷和舒适，更通过精心设计的共享参与化的艺术空间，充分彰显当代城市的文化特征与精神气质。

第四节 建筑物装饰

在漫长的艺术发展历程中，艺术（如壁画、浮雕、雕塑和工艺品等）与建筑紧密结合，这些艺术形式或依附于建筑形体与空间，或以独立的样式呈现，既与建筑物构成有机的整体，又凸显出独特的艺术魅力。不但强化了建筑的主题特性、实用功能和审美意义，更实现了人类居住和精神追求的统一。

纵观历史，古希腊人将建筑视为美学与艺术之源，用象征性的古希腊三柱式、浮雕和雕塑来装饰建筑，开启了西方建筑艺术的灿烂之门；古罗马人创造出与浮雕、圆雕相结合的凯旋门，彰显时代的英雄气质；中世纪的教堂建筑以哥特式的窗格、拜占庭式的穹顶和秩序化的宗教人物雕像等装饰

空间，传递出静谧威严的气氛；文艺复兴时期的艺术家们更是秉承着“三位一体”的法则，将雕塑、壁画与建筑进行整体设置，缔造了西方建筑艺术辉煌的巅峰。

建筑之所以被称为艺术，被视为一种文化，与建筑装饰的参与有很大的关联。建筑装饰作为一种特有的艺术语言和符号参与到建筑的总体构思与特定空间场域的构建中来，使建筑更具文化气息、审美意义与时代价值。

如今，随着人们的审美水平与精神追求的不断提升，当代建筑的艺术表现与空间营造越来越被人们看重，一些外形独特与装饰手法新颖的建筑被视为城市气质与社会文明的综合标志。

一、建筑物壁画

壁画作为最古老的绘画形式之一，常依附于建筑物的天顶及立面，其丰富的修饰与美化功能，使它成为建筑与环境艺术中重要的组成部分。在欧美，建筑壁画是架上绘画走向公共空间的重要一步，许多国家都有推动建筑壁画的公共艺术政策。早在20世纪30年代，美国罗斯福总统的艺术新政期间，就有近3000幅的建筑壁画问世；此外，在法国、英国、德国等欧洲国家，艺术家们为了保护或改造传统旧式建筑，在这些建筑的外立面上作画，以增强建筑的艺术价值，提升城市品位。

在公共艺术蓬勃发展的当下，建筑壁画更是以城市壁画的概念出现在写字楼、住宅、机场、地铁、车站、餐厅等各色主题性建筑空间以及城市中的各个角落。由于壁画的选题和风格受到特定建筑与环境的限制，所以不同的空间要求不同题材与形式的壁画来装饰。当代建筑壁画可运用的材料多样，包括油漆、马赛克、玻璃、陶瓷、铁线和织物等；创作的方式更是包括手绘、喷漆、镶嵌、拼贴和编织等。当代建筑壁画除了传统装饰与美化功能外，还肩负着社区改造、公共文化传播、记录城市发展等多重功能。它们不但以激活空间的方式美化了我们的城市，还为人与环境、人与人之间的对话提供了无限的可能。

二、建筑物雕塑

雕塑与建筑自古以来就有着广泛而深刻的联系，雕塑也素有“建筑之花”的美称。漫步欧洲街头，我们不难发现，许多古典建筑的内外立面、廊柱、房檐、屋顶以及建筑围合的广场空间都有雕塑的身影，雕塑的设置与建筑风格交相辉映，精妙绝伦。雕塑装饰着建筑，传达着建筑物的历史文化内涵和精神气质。

传统的建筑物雕塑是指建筑物本体构件与建筑物围合空间内的所有雕塑形式，包括：圆雕、浮雕（高浮雕、浅浮雕和线刻等）。其制作材料包括：石材、木材、金属（铜、铁、不锈钢等）、石膏和树脂等；加工工艺包括：翻模、敲凿、铸造和锻打等。

随着现代建筑简约风格的发展和人们审美能力的提高，当代建筑物雕塑的题材与表现形式日趋宽泛，其与建筑物之间不再是单纯的装饰关系。如：克莱斯·奥登伯格以一种近乎调侃的方式，大胆地将巨型雪糕筒雕塑设置在建筑顶端，使当代雕塑在不经意间走向建筑，走向城市，走进人们的视野与生活之中。

各种新形态的雕塑更加以一种独立的姿态介入到城市建筑物的空间中来，这种介入对建筑物的主题推动、风格塑造以及精神提炼都有着积极的意义。雕塑与建筑的结合，将生成现代感极强的视觉实体与充满生机活力的公共交往空间，并作为城市新形象展现出其独有的价值。如雕塑家劳伦斯在成都国际金融中心和美国丹佛会议中心创作的*I am here*和*I see what you mean*就是最好的例证。

第五节　地景艺术

“地景艺术”又称大地艺术，是指艺术家以广袤的大地为创作对象，以大自然的元素为创作素材，创造出的一种艺术与自然浑然一体的视觉化艺术形式。

地景艺术于20世纪60年代末在美国开始盛行并逐渐扩展到世界各地。

沃尔特·德·玛利亚、罗伯特·史密森、米歇尔·海泽、克里斯托夫妇、理查德·朗、丹尼斯·奥本海姆等艺术家开始反思过度发展的工业对自然生态的无情破坏，呼吁人们关注生存的环境，重返自然，同时也以一种美式的“荒野精神”和豪情壮志创造出无数令人叹为观止的作品。如今，安迪·高兹沃斯、西蒙·贝克、斯坦·赫德等艺术家依旧保持传统地景艺术的创作方式，是当代地景艺术的主要代表人物。

最初的地景艺术具有反工业和反商业的美学倾向，是一种乌托邦式的艺术表达。但终因其远离城市并与现代文明的立场相反使之难以为大多数人所接近和体验，从而失去了其重要的艺术特征和广泛的受众基础，最终还是不得不回到画廊中用间接的方式（照片、视频、设想图、模型等）来展示。因为饱受争议与质疑，它逐渐淡出了艺术的主流并开始发生转变。但事实上，地景艺术中的生态主义精神、时空共享创作理念都在当代城市景观、园林与公共艺术中得到了延续和发展。当下，一些地景公共艺术家选择回归城市，以共享参与的理念创作出具有互动性、观念性的城市性地景公共艺术作品，在城市与大众之间演绎着当代地景艺术强大的艺术感染力。而许多景观设计师则尊重自然规律，倡导场地的自我维持、物质与能源的循环利用，将可持续发展等生态思想贯穿于园林景观的设计、建造和管理的始终，为人们创造出环保、宜居的城市空间。

一、互动观念性城市地景艺术

近年来，很多地景公共艺术家在城市中创作出极具互动性、观念性与视觉性的地景艺术作品。如：锐步 Cross Fit 联手伦敦艺术家创作的世界最大三维地景画。此外，受基金组织 Mama Cash 的委托，美国当代艺术家罗德里格斯·格拉达在城市的空地上描绘了一张无名的中美洲女性的脸。这件约为两个足球场大小的作品旨在向女性致敬，并且抵制对女性的迫害。

二、生态性城市景观设计

当代景观设计师不再停留在花园设计的狭小天地，他们开始介入到更为广阔的城市空间与环境设计领域，在城市中构建一系列宜人的生态地景。如：爱丁堡丘比特大地艺术园就是一个以“生命细胞”为主题的，充满几何流体形态的大地生态园区。

法国景观设计师克莱尔和米歇尔为波尔多欧洲证券交易中心设计的“水之镜”广场也是非常有代表性的城市地景，设计师以生态环保理念为中心，借鉴了玻利维亚盐湖的概念，利用可循环系统与喷淋装置营造出奇妙的湖面效果与云雾幻象，让人印象深刻。

此外，许多当代景观设计师以一种社会责任感对城市工业废弃地进行高度关注，他们对于罗伯特·史密森的“艺术可成为调和生态学家和工业学家的一种资源”的主张高度认同，通过优化设计与改造，引发人们对于生态问题和社会问题的深刻思考。

如纽约高线公园就是将曼哈顿的一条废弃的工业铁轨进行空间设计和改造而成的线性空中花园。设计师选择在不破坏史迹的基础上尊重自然规律，以优化的理念将其打造成集生态、文化、休闲、旅游、艺术等综合一体化的城市新景观。

第六节 网络虚拟艺术

在若干年前，数字与虚拟的概念对于大多数人来说还是比较陌生的。但是，随着信息网络的日趋成熟，人们的日常生活发生了翻天覆地的改变，时事资讯、网络购物、线上交友和娱乐消遣已经成为现代人生活的一部分，互联网几乎无所不在。

网络的进步必将助力艺术的发展，网络虚拟艺术也应运而生。2011年2月，国际搜索引擎巨头谷歌公司推出了谷歌艺术计划，将世界上17家著名美术馆和博物馆的3D展厅搬上网络，为艺术品的数字化采集与网络展示开启了新的一页。

网络虚拟艺术将展厅置于网络虚拟空间，让更多的观众可以通过互联网浏览的方式欣赏到世界各地的作品或展览。它不受时间的限制，美术馆不必因夜晚来临而闭馆，展览也不必因展期结束而撤展；它不受空间和地

域的限制，身在地球任何角落的人们都能够观看和参与展览，真正实现了“永不落幕的展览”的核心理念。

网络虚拟艺术是一个基于“人机共生”关系而产生的虚拟世界，它融合了艺术、设计与科技，包含了“电脑数码艺术”与“虚拟艺术展览”等范畴。数字化与虚拟技术将协助艺术家进行创作和展示，同时，其独有的网络沉浸式交互体验与线上线下的综合互动方式对推进当代公共艺术的多样化发展与创新有着积极而又重大的意义。

一、电脑数码艺术

电脑数码艺术属于网络虚拟艺术的创作阶段，其与传统艺术有所不同的是，它不再局限于传统的具有自然属性的实体材料，而是利用电脑软件与数字化技术将创意进行建模、渲染与虚拟转换。其优势在于能够以较低的成本模拟构建出逼真而又超前的艺术形象与场景空间，并且以人工智能的力量创造出一种前所未有的艺术体验，它不单为设计提供了更多的可能性，其创作过程中的预判性、超验性、引领性、探索性也非常突出，是一种时尚的艺术形式。

二、虚拟艺术展览

当下，不少当代艺术家利用网络虚拟艺术的优势，大胆地将许多不可能在美术馆实现的艺术设想转化为数字化作品，并通过举办虚拟化的艺术展览进行呈现。

2009年9月，著名当代雕塑家隋建国先生曾打算在北京今日美术馆举办名为“运动的张力”大型装置艺术展，计划通过几个巨型铁球的移动在美术馆中呈现出一个复杂的动力循环系统。最终，由于作品体积、场馆空间、观展安全性等问题，想法未能实现。为了弥补这一遗憾，时隔一年之后，由今日数字美术馆3D虚拟现实团队制作的“运动的张力——隋建国虚拟展”正式上线，观众可以通过互联网置身于今日美术馆的3D虚拟还原场景中，使用键盘和鼠标以游戏的方式游览和感受铁球的动力循环，并可参与作品的点评与互动。

2011年5月，由著名策展人黄笃先生策划、今日数字美术馆制作的首届国际虚拟大展“虚拟威尼斯”,率先于54届威尼斯双年展期间登陆今日数字美术馆官网,并面向全球观众开放。展览以中国馆为虚拟空间,再造了一个与现实截然不同的虚拟展览。观众们可以使用键盘和鼠标随意地在虚拟空间里穿梭,观看艺术家杨千、陈文令、钟飙等人的艺术作品。

此外,网络虚拟艺术作品与大众之间的交流经由网络来联系完成。透过线上展览和互动,可以吸引更多的年轻人关注和参与到某个共同议题中来。甚至有时,艺术家的网络作品由大众的网上参与共同完成。艺术家们将借助这个虚拟空间创作出更多别具一格的艺术作品,以更加迅捷的方式传播,打造更为时尚的大众文化。

第七节 公共艺术活动

公共艺术活动是政府部门、艺术机构、策展人和艺术家等有计划、有部署地在公共空间领域开展、实施多样化的公共艺术创作与活动,是一种将公共艺术作为社会福利和市民活动推广到城市空间的综合性艺术形式。

一个成功的公共艺术活动包括艺术计划、作品展示、艺术行为、活动推广、公众参与等重要环节。它对城市的社区、广场、街道等不同区域起到空间美化和调节作用。

同时,它的艺术影响力将促进区域文化、公共意识、公共精神在公众中萌发生长。它的艺术效应将以“润物细无声”的方式随着时间的推移慢慢显现,遍及每个角落,渗透进每个市民的公共生活。

总体来说,“公共艺术活动”的开展形式多样,虚实皆可,对其进行精准的分类和界定尚存很多的可能性。笔者在此将其分为公共艺术巡展与传播、社区公共艺术计划与实践、城市公共艺术节等。

一、公共艺术巡展与传播

公共艺术巡展的创作角度大多是大众所关注的社会热点及公共事件,并常以计划性的、区域性的方式展开,以最大的广度和深度传递艺术家的

公共思考。它侧重于艺术家的个人思想与气质，但又有别于纯粹意义上的当代艺术或观念艺术。它建构在大众欣赏和共享的范畴之上，是当代艺术与公共艺术推广的有机结合。

特拉法加广场四周的石像基座中3个已树立了历史名人雕像，只有西北角的第四个基座空置了150年。1998年，伦敦市长专门成立了“第四基座委员会”，并在最近的18年里征集并轮流展示非永久性当代艺术作品。“第四基座”不仅为伦敦营造出丰富的当代视觉文化，更重要的是作为当代艺术、城市文化与市民生活的起搏器，让大众在参与作品讨论的同时，真正融入公共空间与社会生活中来。

2008年10月18日，由法国艺术家保罗·格朗容创作的名为《城镇里的1600只大熊猫》纸制装置作品被放置在巴黎战神广场。这是由世界自然基金会（WWF）发起的一个世界性、计划性的公共艺术巡展。2008年至2015年间，其相继在巴黎、波尔多、日内瓦、法兰克福、香港、曼谷等地举办，旨在呼吁人们关注和重视野生大熊猫这一珍稀濒危的物种，并提醒人们保护赖以生存的自然环境。

二、社区公共艺术计划与实践

艺术“以人为本”的理想终端是社区，所以社区是公共艺术最重要的承载场所之一。社区公共艺术改变了艺术创作的精英取向，让艺术广泛地融入最基层民众的生活，出现了更多强调自主、自助或自力的改造计划与营造模式，扩展了普通市民参与环境建设的可能性。

叶蕾蕾女士的“公共艺术进社区计划”遍及全球，从卢旺达到中国台湾再到中国北京，她渴望用艺术建立起原本属于社区居民的自信，并为城市的和谐与世界和平作出自己的贡献。“北京大兴蒲公英中学改造计划”就是叶蕾蕾女士为北京首家非营利性中学所做的公共艺术改造计划。设计灵感来自学生美术作业中缤纷的色彩，并借鉴了马赛克镶嵌壁画和剪纸艺术风格进行创作。

整个工程没有专项资金，讲求因地制宜，校园所有的墙壁就是整个转换计划中的“画布”。2006年至2009年的4年时间里，全体师生与艺术家共同努力，创造了一个独一无二的学习环境。在参与实践中，学生的想象力被唤醒，自尊心与凝聚力得以增强，独特的艺术改造方式也为学校迎来了新的发展契机。

2010年，由艺术家库哈斯、乌尔哈恩领导的桑塔·玛尔塔社区公共艺术改造项目是近年来较为成功的案例之一。该项目前期由艺术家募集资金并完成手绘设计稿，然后发动当地居民积极参与彩绘他们自己的房子。居民们在一笔一画中找回了对于社区的自豪感与主人翁意识。该项目作为抚慰人心的社区公共艺术，还收获了可观的旅游效应。居民们靠双手为自己争取到了生存与发展的机会，用实例证实了公共艺术的社会价值。

三、城市公共艺术节与活动

从远古的人类聚集特征来看，每一个城市都有属于自己的节日与庆典，特色文化活动必不可少。随着城市公共艺术的理念逐步深入人心，许多特定区域形成了特色鲜明的主题性公共艺术节与庆典活动。在市民的感受与参与中，全面推动城市文化与公共艺术的传播。

"感染的城市"是南非开普敦市举办的充满活力与创新的公共艺术节，主办方旨在通过广泛的艺术形式来营造出一个持续开展的艺术欣赏与教育推广的平台，用当代的方式培养艺术新观众并增强社会凝聚力。艺术节中有一个"艺术你好"的艺术周课程，该项目共吸引600位市民参与学习体验。共同讨论社会政治、文化动力、生存环境、视觉与表演艺术、公共艺术等多领域的问题。各种艺术团体、艺术家、公众在艺术节的参与、互动、交流中受益匪浅。

在荷兰户外戏剧艺术节中，德国艺术家罗伯·斯维尔在海边堆起了环形的沙丘，2000多位老人、年轻人、儿童躺在沙丘之上，在长达半小时的绝对沉默中融入自然，思考人生，感受生命。当前城市公共艺术节的策划与开展，已经成为打造当代城市品牌和提升城市影响力的重要方式之一。

第五章 公共艺术设计的教学实践

第一节 公共艺术设计思维与表达

“公共艺术设计思维与表达”这个课程一般是公共艺术专业的第一门课，作为启蒙课程，它不只进行绘图技法训练，更要系统介绍公共艺术的创作方法和路径。从思维训练到图纸表达技法，事实上是在回应公共艺术教学中常常需要面对的问题，即“公共艺术要做什么”的问题。当然对于这一问题学界一直颇有争议，也并非一个课程能彻底解决的，但此课程从方法论角度展开对于该问题的回应，用明确创作任务和创作方法的方式，为厘清公共艺术概念的内涵和外延提供一种可能。

一、课程综述

“公共艺术设计思维与表达”这一课程是针对公共艺术专业设计的基础必修课程。我们知道，公共艺术创作不同于个人艺术创作，在具体项目中，往往需要综合考虑公共资源、城市空间形态、委托方意向、项目沟通协调等多方面的影响，因此，公共艺术创作需要一整套更为专业和理性的工作方法，来确保创作效率，在创作中让思维持续保持活跃开放的状态，让沟通和表达更为清晰有效。此课程正是针对公共艺术的创作特点，结合设计学中激活创意和表达方案的经验，解决在创作流程中所需要面对的，“如何快速拓展思路”“如何有效表达想法”等一系列问题。

二、课程目标与要求

对于公共艺术的学习者来说,养成良好的学习习惯,掌握基本的创意思维方法,熟悉图纸表达技巧是非常重要的,这些方法在公共艺术设计中将会不断被使用。通过反复地训练和打磨,将思维方法和技巧转变为创作能力,这正是专业学习的最终目标。对于此课程来说,首先,需要同学们了解公共艺术设计的特点和基本流程。其次,能够掌握联想法、逆向思维法、系统分析法等激发创意思维的基本方法,并可以在不同的命题中灵活使用。再次,能够用完整、清晰和美观的手绘图纸表达创意方案。

三、教学实践与记录

本课程主要分为“公共艺术的工作方法”“思维训练”“方案表达”三个阶段。

“公共艺术的工作方法”部分主要由教师讲授,而“思维训练”“方案表达”部分则由教师讲授、学生练习以及作业讨论组成。将复杂的培养计划落实为一个个小而实在的专项练习,通过作业讨论来及时掌握学生的学习进度,解决作业中出现的疑惑和难点,提高专业能力。

第一部分介绍“公共艺术的工作方法”,需要提纲挈领地展现公共艺术创作的整个系统,包括公共艺术创作的特点、公共艺术创作所涉及的基础理论、公共艺术创作的一般流程、公共艺术的评价标准,等等。通过工作方法的介绍呈现整体教学体系,建构起专业学习的总体框架。让学生对本专业需要掌握的专业能力有一个宏观而清晰的认识,明确学习目标,同时也能够对本课程需要掌握的能力有一个初步了解。

我们可以将第一部分对“公共艺术工作方法”的介绍看作目录,目录的阅读可以让同学们理解学习系统,了解当前学习的位置,明确学习目的。在完成目录阅读之后就需要进入具体章节的学习。在“思维训练”的部分主要是为学生介绍各种激发脑力的方法,以帮助同学们在创作的时候能够迅速整理思路。事实上,在设计学和广告学中,人们已经积累了相当多的获得创意的方法,这些方法在公共艺术创作中同样适用。在这些方法中有单人可以尝试的联想法、类比法,也有依靠团队力量才能进行的头脑风暴法、“5W2H”法等。

其思路主要有三种形式:顺势联想式、逆势联想式、综合分析式。关于这三种思维模式,此处就不再赘述。思维训练部分,方法的讲授只是一小部分,为了掌握这些基本的思考方法,大量的练习必不可少。因此,设计了一系列具有视觉艺术特点的思维拓展练习。

课题一:单一元素发散训练

以5cm×5cm的正方形KT板为基本元素,完成一组共9个造型,要求9个造型依照九宫格形式摆放,让其横竖斜连线上的3个造型有一定的视觉逻辑。

练习说明:这个练习主要训练同学们的发散思维能力,其中的基本元素可以是“5cm×5cm的正方形KT板”,也可以是“直径6cm的圆球形”或者“3cm×5cm的长方形纸板”等任意形状,重要的是要通过增、减、折、扭、切、拼等各种方法来拓展思维,营造九宫格中的有一定视觉逻辑的造型效果。

课题二:相似形联想地图

分别以方体、球体、锥体、圆柱体为原始形体,开始进行联想与其有相似形态的物,并将联想的物体依照不同的变形方式进行分类,完成相似形地图。

练习说明:相似形联想地图的制作类似广告学的“头脑风暴法”,可以多人组成小组完成。在完成相似形联想地图的过程中,尽可能开放地进行联想,不要删减,在拥有一定的相似形数量之后,地图的创造力就会显现出来。

一方面可以通过分类来总结变形手法,并可以尝试将这些变形运用到其他物品之上。比如,在方体的相似形联想地图上,手机和冰箱之间的变形手法主要是“放大”,那么“放大”这一方式用到别的物体上是不是就会出现创作的可能?显然奥登伯格的作品已经做出了示范。另一方面,同一张相似形联想地图上的所有物体可以随意联系互换来构成新的趣味。比如,球形地图上的眼球与苹果,是否可以做一个苹果形状的眼球雕塑呢?

课题三:资料库罗盘

运用系统分析法完成“灯光装置罗盘”,罗盘的各层包括:发光物、投射物、场所、组合方式等灯光装置的各个要素。

练习说明:资料库罗盘是一个针对有确定主题的创作来激发创意的办法,是系统分析法的最集中体现,要让自己的罗盘能真正成为强有力的创意激发工具,那么罗盘每一层上的信息就应该越细越好,这也就意味着资料的收集应该越多越好。

在初步掌握整理思维的基本方法之后,就需要进入“方案表达”部分的学习。在这个阶段,需要学习如何专业地表达头脑中的各种意象。方案表达的方式多种多样,可以用图纸、模型、文字、视频等不同的方式,然而手绘却是最直接迅速地记录思路的最佳办法,因此,在本次课程中将重点强调手绘图纸的表达。手绘图纸在透视、比例和质感表达上需要遵循一定的视觉规律,这就需要同学们完成大量的临摹练习。在设计领域,手绘表现已经有不少相对稳定的方法,对于画面中常用的建筑、景观、植物、人物等的画法都有一定的表现技巧,对于初学者来说,迅速地掌握这些技巧的最佳途径就是大量地临摹,从临摹中掌握线条的控制能力、分析质感的表达技巧、总结画面构图和透视规律。

当然,在练习时,手绘图纸的临摹也应该循序渐进分步骤来完成。比如,先进行质感表达的练习,再临摹主体建筑或雕塑,重点注意透视关系和质感表达,最后再完成整体场景的临摹图,综合注意画面的构图、比例、透视、空间感等,总结规律,并尝试将规律运用到自己绘制的图纸中,举一反三,灵活使用。

第二节 空间设计基础

一、课程综述

在公共艺术设计与创作实践中，无论作品的观念、形式、材料如何，其呈现方式都将与城市、景观、建筑等空间发生关联。对于公共艺术专业而言，空间感知、空间想象和空间思维能力的强弱直接影响学生的创作能力和专业发展。因此，空间基础教学与训练应是公共艺术专业教学体系中的重要内容。

相对于设计学科的以建筑空间为主轴和以立体构成为主轴的两种空间基础教学模式而言，公共艺术专业的空间基础教学在培养学生空间设计基本技能的同时，更应强调个体的空间认知、空间思维和想象力的训练。空间设计基础课程就是以“空间认知与体验”“空间生成与形态转译”“空间的意象与气质”三个课题式教学的引入，使学生积极地参与到教学过程之中，在主动获得真实的经验感受的基础上，实现知识与技能的培养与训练，从而在技能、知识和综合素质方面，为专业发展提供良好的能力承托。

二、课程目标与要求

空间设计基础课程旨在使学生了解和初步掌握空间设计的基本原理和基本方法，正确认识材料与形式、结构与空间、功能与场所这三个主要关系，并进一步探索空间设计的思维、语言、逻辑、形式和内涵，为公共艺术创作建立正确的空间观念和方法论基础。课程教学借鉴建筑学、设计学等相对完整的理论体系和教学模式，并针对公共艺术专业的特点与发展需要，以艺术介入空间的视角进行公共艺术专业空间设计基础的课程教学设计，以课题作为教学线索，搭建具有交叉性的知识模块，使学生建立较完整的理论框架和空间创作能力。

三、教学实践与记录

课题一:空间认知与体验

空间的认知,是我们调动思维和感官系统对空间进行主动体验的过程。在学生进入专业学习初期,我们试图使学生通过对生活空间的主动观察与联想,感知空间的真实存在,并形成个人的认知与理解。教学通过"生活中的空间经历"和"减法形成空间"两个子课题的介入,引发对空间问题的探寻,鼓励学生通过独立分析与思考去解决问题和完成课程任务,建立对空间的兴趣与探究精神,为下一步的学习建立空间认知的基本框架。

"生活中的空间经历"是要求学生选择一个自己感兴趣的空间进行观察与记录,可以是某个城市空间、室内空间,抑或是某个物品空间,抽屉、容器,甚至是海螺、竹筒、树洞……分析个人为什么感兴趣?这个空间与个人生活经历有什么关系?这个空间有什么特征?一旦我们开始了对空间的关注与思考,那么我们就打开了认识空间的第一道门。

"减法形成空间"是要求将一个简单的几何形体进行切削,从而形成一个新的形态。通过几何形体在切削过程中的前后形态的变化,我们可以体会到空间的产生,并体验对空间虚实的感知。并且通过观察,感受单一质感的空间形态由于其形态的变化呈现丰富的光影层次,进而帮助我们推敲形体的空间形式和虚实变化之间的视觉关系,使学生感知体验空间的形体与体量、虚与实、光与影等空间的基本认知。

课题二:空间生成与形态转译

空间的生成有减法形成和加法形成两种方式。减法形成空间是一个由实到虚的过程,而加法形成空间则是一个由虚到实的过程,是由实体的介入而创造空间。减法形成空间倾向于直觉和感性,强化空间意识与空间感知;加法形成空间具有递进性特征,强调空间形成的逻辑与理性认知。

本课题就是以加法形成空间的原则训练和强化学生从二维空间形态到三维空间形态的创造能力。课题要求学生从一个基本元素出发,通过预设的逻辑和线索进行不断组合和反复尝试。在无法预知结果的过程中体验空间的生成、组合与变化,从而寻找个人化的空间认知通道和理解空间的基础路径。

课题三:空间的意象与气质

在经历上述课题的训练后,我们将从空间的感性认知进入到理性思考与设计创造的阶段。通过我们集体性和个体性共存的空间经验,以及对物理性特征的感知使空间具有了意象与气质、情感与生命。

本课题就是学习利用集体性经验所形成的空间形式法则,对空间的尺度、体量、围合方式、材料、质地、色彩,以及光线的强弱、声音特征等空间的物理性特征进行理性设计,使学生建立个人对空间真实独立的理解与认知,培养学生空间利用与创作能力。

本课题采用虚题实做的方式,要求以30m×30m场地为创作基地,选择一个主题概念(动、静、上升、张力、重力、快、慢、速度、运动、风……),以这个主题概念创作一件空间作品。本课题通过对空间的基本概念、空间的构成要素、空间的形式与组合、空间的秩序原理等空间基础理论和形式法则的探讨,以及建筑制图、模型制作的训练和实践,使学生了解空间塑造的基本概念和设计技能,并初步掌握空间设计的流程、方法与原则。

四、教学反思

任何一种知识,如果没有内化成为个体的真实经验和自主意识,那么它仅仅是“知道”而已。对于空间基础教学而言,空间感知、空间思维和空间扩展等能力的培养,更加需要自然而然地发生与生长,而非仅仅是空间知识的获得。在教学过程中,我们强调引发学生的兴趣和主观能动性,鼓励和引导学生开展各种有关空间的训练与尝试,突破各种标准、范例的教条与限制。在“天马行空”“随心所欲”的自由状态下,调动学生自身的学习潜能,从而建立一种理想的学习状态。并希望每一个学生都能通过独立思考获得对于空间的真实经验,并通过个体经验的积累,形成对空间的直觉认知,从而进一步形成空间探究的能力。我们认为对于空间的学习,不应是告诉学生花朵的妩媚,而是希望在他们心中种下一颗种子,在以后的专业道路上发芽、生长、开花、结果。

第三节 公共空间视觉文化研究

一、课程综述

对于公共艺术专业的学生来说，在创作中，常常会遭遇“地方文化”“城市文化”“传统文化”等一系列创作要求，那么这种种的“文化”到底指向什么，它是如何建构、传播以及被描述的？它是如何被视觉化？又是否可以被重新表征？这都是公共艺术创作者需要思考的问题。因此在本课程中，将以文化研究的方法引导学生从视觉文化生产的角度理解公共艺术，形成有社会感和历史感的创作眼光。

从操作层面来说，本课程是从传统的“下乡”课程的基础之上发展而来的。它将社会学和人类学的观察方法和分析方法引入艺术创作中，将“下乡”课程中传统的写生训练转化为对社会调查或田野观察方法的训练，将艺术专业学生所敏感的视觉现象与社会思想联系起来，让学生能够展开对公共空间的某一视觉现象的全景描绘，在此基础上形成对于特定视觉文化现象的整体理解。

二、课程目标与要求

在公共艺术专业开设以文化研究为创作方法的课程，首先就是要求同学们跨越学科的限制，不局限在视觉形式感的逻辑范畴，主动使用社会调查、田野观察等方法，拓展自己的眼界，改变自己的观察角度，更为深入地分析特定视觉现象背后的意识形态和生产方式。其次，需要同学们在对视觉现象进行全局理解的基础上，能够将其运用于自己的创作之中，形成在广阔的文化框架中定位研究和组织创作的能力。最后，希望文化研究能够成为同学们的基本创作意识，融入未来的公共艺术创作之中。

三、教学实践与记录

一般来说，在公共空间视觉文化研究课程授课中，需要根据不同的地点选择不同的考察主题，在授课内容上也不尽相同，但整个课程基本可以

分为三个阶段。

第一阶段:文化研究理论与工作方法的讲授。

这一阶段主要是理论准备阶段。文化研究的基本理论讲授主要介绍什么是文化研究,在文化研究关注的话题中选择与公共领域相关的日常生活分析、城市景观研究、消费文化分析等案例进行学习。当然针对不同的下乡目的地,理论的讲述也可以有侧重点。

同时,需要在下乡之前介绍社会调查的工作方法,包括:社会调查工作中收集素材的办法有哪些,文献法、问卷法、访谈法等,重点介绍观察法,包括如何选择观察对象,如何确定观察对象,观察报告应该如何撰写等。在理论准备和工作方法介绍的阶段可以选读包括阿雷恩·鲍尔德温的《文化研究导论》、费孝通的《社会调查自白》、莫里斯·哈布瓦赫《论集体记忆》、艾尔·巴比的《社会研究方法》等介绍社会学和人类学工作方法和研究原理的参考书籍,泛读、速读,在脑海里留下大致的印象,为下一步的观察和记录建立理论框架。

作业:在教师给出的框架下,分组完成对下乡目的地的文献资料收集工作,并进行PPT讲解。

第二阶段:下乡期间的观察与记录。

一般来说,在下乡之前通过分组的PPT讲解,可以让所有的同学对目的地有一个初步的认识,同时也会产生一定的期待或者猜想。而在下乡过程中,这既定的印象将会被强化或颠覆。在下乡期间,同学们需要在老师的指导下制订观察计划,每天完成观察记录。教师需要针对观察过程中涉及的问题,组织讨论课,提出自己的看法,供同学们思考。

下乡期间的观察和记录可以根据不同的地点和主题选择不同的方式。比如2012年海南推出的"海南旅游文化考察",选择使用问卷调查的方式,给出了针对当地居民、游客的两份不同的问卷,通过问卷统计的方式来获得调查数据,更新既定认识。而2013年厦门推出的"侨乡与移民文化考察",2014年徽州推出的"徽州笔墨图像考察"则更多使用田野观察法,以跟踪记录的方式来获得信息。

作业:不同的工作方式需要给出的作业也不同。

问卷调查需要组织全体同学共同完成问卷的设计，然后分组发放问卷，完成统计，并将调查过程中所遭遇的问题和困难记录下来，形成笔记。用田野观察法需要完成一系列的图像记录工作。比如在徽州下乡时，选择以一个物为对象，它可以是建筑物、工艺品、生活用品、植物等，用多张速写加文字的方式记录它过去和现在的造型、材质、象征、使用功能等的变化。

第三阶段：后期的资料整理和创作。

在这个阶段需要学生们对下乡过程中收集的视觉素材进行思考和整理，分析观察笔记，分组讨论创作主题。这时，教师可以辅助进行两次创作方法课程的讲授，主要介绍以文化研究为出发点来进行创作的各种案例，并分析这些案例中常用的艺术转化手法，以供学生参考或批判。最终学生需要提交一个完整的创作方案并且进行有效展示。

作业：针对下乡地点提交一个公共艺术创作方案，方案以图纸、展板、画册、模型等方式展示。

四、教学反思

公共艺术作为一种与日常生活紧密相关的艺术形式，其发展无不与大众文化的兴起、主流意识形态的变化、社会思潮更迭息息相关。“公共空间视觉文化研究”这样的课程不仅只是为了寻找公共艺术与地方文化的关联，更是为了提供反思的契机，一方面让我们了解自己所熟悉的艺术创作方法在公共艺术领域的局限性，另一方面反思公共艺术对于日常生活的影响能力。用反思来改变创作惯性，培养同学们以文化研究为方法，突破形式感和美感的局限，从思想和文化角度来理解分析视觉景观，主动参与社会文化生产创作诉求。

第四节 城市公共空间艺术介入实验

一、课程综述

作为公共艺术载体的城市公共空间是市民公共生活的重要舞台，但由于工业化和城市化的肆意横行，城市公共空间已经逐渐丧失了原有的语义与实际的内涵。而城市公共空间艺术则是在城市更新背景下发展起来的，以公共艺术介入城市空间和市民生活的方式，传承城市的历史与文化、塑造城市的风貌与特色、丰富市民生活的内涵与品质、构建社会的公共精神与公共价值，以艺术介入空间的方式体现其“公共性”特征的社会价值与艺术价值，是缓和社会矛盾和构建城市文化形象的重要手段之一，也是公共艺术设计的重要方式和公共艺术专业核心的教学内容。

“城市公共空间艺术介入实验”课程以城市特定公共空间（广场、街道等）为研究对象，通过实地调研分析、艺术介入方式探讨以及艺术创作实践，完整地完成一项公共艺术设计的训练，使学生初步掌握在特定公共空间中进行公共艺术创作的原则、思维方法与表达方式，从而建立公共艺术创作的方法论基础。

二、课程目标与要求

“城市公共空间艺术介入实验”课程通过对城市广场、街道、公园、社区等公共空间的地域历史、空间形态特征、人文特征与精神气质以及社会问题进行深入调研，使学生了解城市公共空间的类型及发展脉络，深刻认知公共空间与公共艺术之间的互动关系，引导学生研究和探索艺术在当代社会语境下向城市公共空间介入的可能与方式，通过空间设计与艺术创作两个专业领域的交叉研究，鼓励学生扩大专业视角，建立多维的艺术创作路径。本课程采用虚题实做的方式进行创作实践，强调公共艺术专业的社会实践性，着重训练学生在现实条件下的创作能力。

三、教学实践与记录

本课程从“理论研习”“城市调研与空间分析”“公共艺术创作”三个部分展开教学实践。“理论研习”通过理论讲授让学生了解公共空间与公共艺术的公共性解读、西方和中国社会公共领域的发展与城市公共空间的演变、公共空间与公共艺术的互动关系以及艺术介入城市公共空间的形式与方法；“城市调研与空间分析”通过对城市广场、街道、社区、公园等城市公共空间的理性观察与记录，获得城市历史文脉，公众意识形态、审美、集体记忆，城市公共空间的形态、结构、尺度、意象等信息并形成调研分析报告，为公共艺术创作提供资料与支撑；“公共艺术创作”则根据特定城市公共空间的创作背景，将研究结论转化为创作资源并将研究行为纳入创作活动，从而达到城市公共空间艺术介入的创作目的。

城市公共空间艺术介入具有日常生活的视觉愉悦与大众审美体验、社会人文关怀与公共精神构建、城市历史记忆与文化传承、城市风貌塑造和形象展示、营造“场所”性格并激发空间活力五个主要的核心价值与意义，也是艺术介入空间创作的主要方向与目的。

第六章 公共艺术发展的新动力

公共艺术作为一种民众参与度较高的艺术形式,以丰富多样的形态介入城市的各个空间。公共艺术具有公共性,并且能提升环境与民众的互动性,在保留简单的视觉层面的价值意义的前提下,它用艺术的手法提供了解决各种社会公共问题的途径,最终对某一特定环境产生独特的社会价值。也就是说,公共艺术计划的执行,将带来社会和城市的变革。公共艺术作为社会生产的一个过程,对城市的创新发展起到了积极的引领作用。

第一节 新型互动公共艺术的发展历程

当今高科技手段被普遍应用于公共艺术领域,如以“光、声、电”立体三维视听交互等多媒体手段,来表达主题内容。壁画可以通过二维、三维动画的手段,以动态的形式创造出生动逼真、梦幻奇特的视觉效果,提高壁画的艺术表现力。

通过艺术与科学的紧密结合,雕塑家也从中获取许多全新的艺术灵感。雕塑家的多空间思想在某种意义上反映了科学的宇宙论和认识论。而雕塑家从注意力集中于雕塑本身转变为注重雕塑与社会、雕塑与人、雕塑与建筑、雕塑与环境的相互关系,结合多方面因素优化形态,从而提升整体环境的空间效果。

2016年,“生物多样性之父”爱德华•威尔森提出一个倡议,他呼吁人类把地表一半的面积还给大自然，而藉由保全地球的生物多样性，世界上的各物种包含人类才不会招致灭绝。爱德华“半个地球”的理念有两个重点：一是我们应该有所意识人类不是地球唯一的主宰者和住民；二是我们应该思考如何保留更多的空间，给地球上的其他住民，也就是生态圈的其他动植物。以此，台中世界花卉博览会发现馆“在台中看见半个地球”以保留半个地球给其他生命的倡议作为主题，重新诠释西部大川大甲溪的生态景观。透过人文、工艺、装置艺术、壁画、雕塑与新媒体等不同媒材的创作方式，在有限的空间中将台中大甲溪低至高海拔的宽阔地景转译成为一件件作品，述说栖息在这个生态环境的原生植物与动物的前世今生。

目前VR技术还处于起步阶段，未来还有很大的发展空间。随着科技的发展，全息投影技术也开始广泛应用于各个领域。全息投影技术也称为全息投影或全息3D，该技术提升了物体在空间中的真实感，使观察者获得全新的立体视觉感受。

扎哈事务所、三星集团和Universal Everything设计工作室联合设计的《自由律动》公共艺术作品，通过弯曲的屏幕展现不断变幻的光影。弯曲的屏幕在空间内通过浮动变幻的投影相互作用，让观者全身心地沉浸于独特的体验中。

在当代的交互式装置艺术中，艺术家们从肤浅的感官刺激上升到心理以及个体的特殊感受，从更深层、更本质的层面去考虑分析创作的观念。艺术家们更多地从“人”的角度去分析思考，通过“交互”这一特征去创作作品，表达出艺术作品的特殊情感。NEST(巢)是一个互动式雕塑游乐场，其位于布鲁克林的儿童博物馆(BCM)的屋顶露台上。设计者受到黄胸织布鸟独特巢穴的启发，利用纽约水塔的建筑木材创造了一个编织状景观，NEST拥有可攀爬的外观面，圆形吊床区域以及为孩子们提供开放和创造性探索的通透内部空间。

第二节　公共艺术改造废弃建筑空间的原则

特殊种类的媒体在不同时代背景下有着不同的表现形式。在当今的全球化背景下，新媒体的涌现对艺术的发展有着极大的影响，而互动装置艺术已成为当代背景下艺术家热衷的表现形式，也促进了新型的互动公共艺术的发展与应用。

一、新型互动公共艺术的产生

公共艺术体现着当代文化思潮与观众之间的关系，表现了艺术家独特的创作理念，它打破了传统的创作形式，为艺术家的创作开辟了更广阔的天地。而互动装置的巧妙融入，不论是从美学层面，还是从科学技术层面，都将提高公共艺术的质量，并能吸引观众更积极地参与公共艺术的互动。英国设计师和建筑师Thomas Wing-Evans与DX Lab合作为澳大利亚新南威尔士州立图书馆创造了一个互动声学展亭，展亭将图书馆收藏的绘画转变成音乐。与视线高度相适应的开口允许路人向内窥视，访客向外张望，这是展亭展现欢迎姿态的关键。夜晚，根据音频变化的光线在建筑的金属表皮上跳动吸引访客，以一种全新的方式体验州立图书馆收藏的画作。

互动公共艺术作品分为图像交互、语音交互、网络交互、虚拟交互、触摸交互、设备交互、传感器交互、游戏交互等。互动公共艺术设置于公共空间，因而应“具备良好的互动性”。以积极互动为特色的公共艺术，分为主动互动和被动互动两种。

主动互动指的是与人交互，能够使观众参与并融入艺术作品中。就像《月亮花园》一样，艺术家试图在楼梯空间创造一个童话般的环境。花园中设置有休息的座椅，座椅旁布置有多个大小不同的月亮造型的灯具，灯具与真实月亮表面纹理有类似的视觉体验；走下楼梯的人可以看到当身体移动时，“月亮”的光影也随之变换，使得人们活动中的形象生动地映在“月亮”上。这样一来，就增加了空间的趣味性，上下楼也不单单是一个动作了,而是让观众也走进艺术作品里,并且成为艺术的一分子。

被动交互是指被动与人交互的艺术作品。Ramus设计工作室设计的公共艺术作品 *The Star* 是世界上第一个永久的沉浸式作品,它通过水、光以及与交互艺术画廊的结合,提高观者的体验感。参观者在欣赏、体验艺术品的同时,融入这个令人兴奋、惊喜的空间,得到更高层次的、美的享受。

二、新型公共互动艺术的形态

日本是一个善于吸收和输入他国文化的民族,随着经济文化的高度发展,日本在亚洲艺术发展中占据了极其重要的地位,日本人的文化鉴赏能力也随之上升到了一个更高的层次。无论是绘画,还是音乐、戏剧等方面,日本在吸收东西方艺术精髓的同时,融入本国传统文化,创造出优秀的日本艺术文化。

公共艺术作品《梦的钥匙》位于札幌站,由Yasuda设计。白色大理石形成一个光滑的门的形状,也象征着北海道的白雪。这件作品由曲线组成,时尚而生动,能舒缓乘客的紧张,给人一种内心的温暖。

而交互所存在的问题是由两方面原因产生的。一方面,艺术家和公众缺乏沟通,艺术家长期以来存在于象牙塔中,且这项工作具有较强的个人风格和创作意识,公共艺术家的高层次思想使艺术家与普罗大众的思想分离。另一方面,公众的审美能力仍有待提高,需要加强公众对艺术的理解,建立大众审美标准。公众的态度可以在一定程度上反映公共艺术的成败,尽管这种判断并不代表艺术本身的艺术价值,但只有高于生活的艺术形式才能实现公共艺术的影响力和文化引领作用。公共艺术越来越多地出现在人们的视野中,融入人们的生活,得到了更多人的关注与喜爱。在上海最繁华的静安寺广场,举行了一系列主题为"引力场——建筑艺术与公共文化的多场耦合"的城市公共文化活动,兼具艺术性和实用性的建筑装置作品——《韧山水》就是在这次活动中诞生的。建筑装置本身既是艺术品,也是承载其他活动的空间。

一个公共艺术品面对的对象是普罗大众,每一个公共艺术作品存在的意义就是改善空间环境及质量,增加人们的愉悦感和幸福感。《发光的梦

想》通过色彩、材质、体量以及灯光效果，结合灯泡造型，让该作品可以更易被亲近，增添作品的参与性。整个作品的内部空间和外部空间都能供人们活动交流，通过公共艺术传播快乐。公共艺术越来越多地融入各种不同的创作方式和想法，而光影的效果让作品更具深度，更具层次。图6-1所示作品利用纸的可塑性，将作品的展开面打印在纸上，通过折叠使其形成一个三维的装置。折叠之后，通过灯光的介入，让作品成为一个有趣的照明装置，造型像云朵一般，变幻莫测。

图6-1 灯与纸的装置

三、加强公共艺术互动的思路和措施

如何使我们周围的公共艺术作品更具互动性？一方面，必须以客观审美对象的存在为前提；另方一面，审美主体也应具有相应的审美条件，艺术家应该更加透彻地了解公众普遍存在的精神需求。

（一）加强公共艺术互动的思路

针对这些问题，设计者应该努力确保作品的艺术性：①多一些亲切感。使用熟悉的公共图像来拉近与公众之间的距离；②多一些感性。公共艺术可以向人们传递积极的能量和温暖；③多一些功能性。增加实用功能将增加公共艺术存在的意义；④多一些娱乐性。吸引更多的大众拍照或玩耍，这种公共艺术往往是最重要的;⑤多一些时代感。紧跟社会的核心价值观,体现经济发展和社会统一的主题;⑥多一些科技感。技术是第一生产力,如视觉效果和全息投影。着眼当前和未来的焦点,利用人工智能,突破传统,形成公共艺术展示的新手段;⑦多一些流动性。公共艺术(纪念性公共艺术雕塑和具有特殊意义的公共作品除外)可以在世界各地展出,形成不常见的移动展示;⑧多一些地域文化性。区域文化是一个独特的文化标签,具有悠久的历史和丰富的文化氛围。公共艺术需要承担起文化重任,公共艺术作品可以通过各种方式呈现地域文化。

此外,有必要强调公共审美权利的积极提升。公共审美权利的积极提升有助于与公共艺术作品的良好沟通。*Unire / Unite* 夏日互动装置为市民提供了良好的放松身心的设施。这个装置不同于传统的城市公共设施,它对当今公共健康危机问题予以积极响应,其优美的曲线为城市生活注入舞蹈元素。设计师将建筑和运动原理结合起来设计了该装置,能将人最真实的状态体现出来,促进人与人的联系。

(二)加强公共艺术互动的举措

在公共艺术创作中融入互动装置能够使公共艺术的表现形式从静态转变为动态,使其演示形式更具多样化。由于多种类的创作材料的出现,在公共艺术作品的创作中融入互动装置,能够产生出多种不同的效果,公共艺术的表现方式也更为丰富多样,使艺术家能更好地表达创作情感,实现作品的创作意义。*Truthehole* 装置融合了科学的兴趣和美学的吸引力。外界的投影上下和左右颠倒,因拦截的面板的方向而发生变形,由此还可以得到一些概念性和象征性的感悟:从光明和黑暗的倒置到柏拉图关于洞穴的寓言,即最初的世界是由阴影和不完全可靠的预测形成的。展馆的外表面是完全反射的。如果说内表面的形状像一个黑色的洞穴,外面的形状就像一个水晶碎片,因此,*Truthehole* 消失在它所在空间的碎片图像中。从设计概念的角度看,内部的黑暗可以被视为是外壳完全反射的结果,通过小孔的每一束光,得到了原始图片。让人惊叹的是,如此小部分的光,却能承载如此大的外界空间的景象。

第三节 公共艺术的技术创新

近年来,改造再利用旧建筑引起了社会广泛的关注,人们越来越多地认识到旧工业厂房本身的价值。在西方发达国家,废旧建筑空间的改造与再利用已相对成熟;国内对废弃建筑空间的利用也取得了越来越多的成果。

由于城市发展步伐的加快与经济发展结构的快速转型,那些曾代表着城市的文明和经济迅速发展的工业厂房逐渐退出城市规划发展的历史舞台,而旧工厂自身所蕴含的历史价值和经济价值并未随着城市化发展的进程而消逝,随着越来越多新兴企业的出现,旧建筑也需要与时俱进地顺应历史发展潮流,通过改造设计焕发出新的生机。如改造后的798工厂,被认为是中国当代艺术最大的聚集地,对798的改造增加了人们对废弃建筑物的文化价值的理解。西方国家的废旧建筑空间的改造与再利用的设计理念以及技术相对成熟。如哈钦森集团对距巴黎南部两小时车程的507旧厂房的改造,设计师对旧建筑进行了全面的整修设计,让其能够更好地融入周围环境,使旧厂房变成一个简单、快乐、温暖的公共空间。

对废弃建筑空间进行改造再利用设计,需要考虑到废弃空间所处的现实环境因素。例如,城中村作为中国人口飞速发展的产物,普遍存在于中国的各大城市中,而城中村的环境空间存在着相对拥挤且采光不足等问题,给人"脏乱差"等负面印象。建筑师们可尝试通过力所能及的手段,去解决城中村所面临的各种问题。建筑师提出了"绿云"的设想:采用一种容易复制的低技术建造手段,一方面改善城中村的雨水管理能力,一方面为城中村的居民增添绿色与友善的共享活动场所,以改变城中村局促的生存状态。"绿云"的设想是基于城中村仍存在大量尚未有效利用的屋面提出的,在具备改造可能的屋面上建造"城市山地"。

(一)改造的合理性原则

改造的合理性是指废弃建筑空间在改造后具有可操作性和施工安全

性。要求设计者在改造前充分了解和分析工厂现存的潜在问题,在进行改造设计的过程中遵循建筑空间合理使用和经济合理性等原则,挖掘可利用空间的潜能,满足使用功能的需求,以实现建筑空间利用最大化为最终目标。

(二)尊重原始建筑的历史环境原则

在改造项目的设计过程中应尊重原始建筑的历史环境,强调设计者在废弃建筑空间改造过程中和改造后对原始建筑的主体结构、空间关系的合理把握。在原始建筑体积关系中,尊重对原始空间特征的保存,实现对整体空间结构体系和技术设施的合理优化。如长春水文化生态园是工业遗迹保护与改造的一个崭新项目。该生态园原为伪满时期建造的长春市第一净水厂,拥有80年长春市供水的历史和30万平方米城市腹地稀缺生态绿地,是弥足珍贵的工业遗迹。该生态园是一个老少皆宜的聚集游玩地,各种各样的净水厂工业元素在这里都被丰富的色彩所覆盖,为大家提供了休闲娱乐的好去处。

(三)改造中的生态可持续发展原则

随着时代的发展,生态环境问题越来越受到社会的关注。在改造设计中应坚持可持续发展的原则,遵循自然界的规律,以友好的姿态去达到人与环境和谐共处的美好景象,实现可持续发展的生态系统的构建。Simon Van der Lane提出了自己的生态设计概念,即尽量减少对自然生态环境的破坏,尽可能地协调自然生态,尽可能恢复影响生态平衡的缺失部分。

由于废弃建筑被闲置已久,大部分生态环境遭到破坏和污染。因此废弃建筑空间的重新设计不仅是功能、空间、美学的设计,更多的是社会、人与自然之间的生态系统化设计。

(四)以人为本的改造原则

在对废弃建筑空间进行改造再利用设计中,需要以解决公众与社会的基本需求为前提。因而在改造设计中遵循以人为本的根本原则,将实现人与环境的和谐共处。

第七章 基于生态意识的城市公共艺术研究

公共艺术中的生态观，即人们探讨如何通过公共艺术促进城市生态和谐的价值观，包括作品中所蕴含的生态警示与反思，以及创作和设置过程中的生态理念及手法等，是生态意识在公共艺术作品中的体现，换言之，是基于生态意识的公共艺术的一种特性。本章将在生态意识这一概念的基础上对城市公共艺术进行研究。

第一节 中国当代公共艺术生态观的成因与现状

一、公共艺术中生态观的成因

公共艺术中生态观的由来，源自多方面的激发，面对城市发展过程中出现的各种生态问题，对一些具有社会意识的艺术家、设计师而言，通过作品反思或解决生态问题，并通过公众与作品的互动而引发其对生态问题的警醒与关注，这是体现其使命感的重要方式。此外，低碳社会的生态需求、设计者的生态意识，以及公众的生态需求等方面都直接或间接推动了公共艺术中生态观的形成，使公共艺术中衍生出对生态问题敏感的一类作品，它们浓缩着自然的智慧、对自然的尊崇感、对社会的关怀与使命感。

（一）城市的生态问题催生对生态的重视

城市是人类主要的聚集地，也是人工环境为主和人类干预自然最强的地区。随着城市的诞生,以及城市的大规模发展建设,各种生态问题随之而来。表面光鲜亮丽的城市和便利生活的背后是另一种景观,森林被大面积砍伐,植被遭受破坏,生活污水流入江河溪流,工业污水废气肆意排放,能源资源被无节制地开采和使用。城市化是一把双刃剑,在带来城市发展与机遇的同时,也伴随着各种生态问题。

城市化指的是因社会生产力的发展而引起的城镇数量增加及其规模不断扩大、人口向城镇或城市集中、城市物质文明和文化不断扩张的过程。在空间上,城市化表现为城市的功能重构,规模不断扩大。城市的生态问题主要表现在五个方面:首先,人口密集,一些大城市的中心城区人口密集等问题尤为严重,造成住房拥挤、容积率高、景观质量低等问题,直接限制了居住品质的提升。人口的急剧膨胀也相应带来一系列生态问题,如自然环境受到人类活动的干扰和破坏,导致城市生态失衡。其次,由于地面及地下建筑密度增大,不透水的地面铺装增多,限制了雨水的渗透,地下水得不到及时补给,再加上过度使用地下水,导致了一些城市出现了地面沉降现象,给人们的安全带来危害。第三,环境污染严重,城市的工业生产和人类生活制造了大量废气或有害的污染物,如工业废水和生活污水未经处理流入水系而造成水污染,汽车尾气和工业废气排放导致大气污染、全球气候变暖,生产生活垃圾不断堆积,尤其是白色污染,破坏土质,影响动植物的生长繁衍。第四,城市绿地系统减少,生物多样性降低,从而削弱了自然本身的调节机制。第五,城市大量消耗着各种不可再生的能源资源,增加了自然环境的压力。种种的生态问题不仅造成了城市生活环境品质的降低,给人们的生活带来潜在和直接的危害,对公众的身心健康不利,也会造成城市的生态失衡。

可以说生态问题与城市化的进程一直是相生相伴的,而随着近年来城市化进程的加速,人类对自然的负干扰加剧,这样的问题变得更为凸显。有西方学者曾经指出:“以往,人类杀死动物作食物,清理土壤种植食物或种植可用于编织布料的植物。用泥土和棍子搭架子,所有这些活动都使环境发生变化,但这些变化与自然还是和谐的,它们仅比动物挖洞或满足需要后留下的印迹稍明显一点。但现在这种平衡却被打破了。人们不断地

向城市集中，土地被铲平，河流改换了方向。人类在地球上的足迹不断扩大，而其破坏性也越来越严重。”及至一些自然资源枯竭、物种大量灭绝，一系列城市问题频繁出现、人类生存环境品质降低、生存面临威胁之时，人们开始意识到不节制地开发和利用自然资源，以及建立在破坏自然生态基础之上的大规模城市建设是一种短视的行为，它不仅破坏了自然，打破了生态平衡，也直接危害着人类的未来，影响人类社会的可持续发展。

在生态主义学者眼中，现代工业文明特有的理性思考和科学算计，是生态问题或生态危机的根源，其中尤以人类中心论的影响最为突出。海德格尔曾经提出，“人不是存在者的主宰，人是存在的看护者”。美国后现代世界中心主任大卫·雷·格里芬指出，“二元论认为自然界是毫无知觉的，就此而言，它为现代肆意统治和掠夺自然(包括其他所有种类的生命)的欲望提供了意识形态上的理由。这种统治、征服、控制、支配自然的欲望是现代精神的中心特征之一”。这是一种典型的人类中心主义思想，过分强调人的主体地位和支配能力，而忽略了自然的力量，从而使人与自然产生隔阂，继而给人类带来严重的生存困境，其中一些是难以调和的。

工业时代以来，人类凭借自己的理智及先进的科学技术手段，向自然进军，向自然索取，开发自然，改造自然，所谓“擅理智，役自然”。在科技的指引下，自然成了工业生产和生活的资料来源，人在改造自然的过程中充分显示了自己的力量，与此同时，也逐渐凸显了其负面的影响。可以说，生态危机在某种程度上是人类在自然面前骄傲自大和不加补偿地持续利用自然资源的结果。因此，转而面向人类思想领域寻求生态问题解决之道，重建人与自然和谐关系的尝试越来越多见。一些后现代主义者还提出削弱人的主体性，以实现人与物、人与自然的融合。

1972年6月，在瑞典首都斯德哥尔摩举办了联合国人类环境会议，成立了环境署，这是在联合国框架下的一个负责全球环境事务的组织，负责统一协调和规划有关环境方面的全球事务。会议还发表了人类环境宣言，促进了“可持续性发展”理论的形成。这是国际社会第一次共同召开环境保护会议，标志着人类对于全球生态问题及其对人类发展所带来影响的认识与关注，表明生态问题开始作为人类社会亟待解决的重大问题被广泛认知。1992年，在里约热内卢召开的联合国环境与发展大会中，人们的认识首次如此同步，“可持续发展”理论成为人们的共识，同时也成为各国制定新世纪发展纲领中的一项最基本同时又是最重要的内容与价值取向。此后，各种全球性的生态或环境保护会议频频举办，如世界气候变化大会、联合国环境与发展大会、世界草地与草原大会、世界低碳与生态经济大会、首届世界生态安全大会、国际生态卫生大会等，从各个角度深入探讨生态问题，并达成一个个共识。十八大报告也首次单篇论述生态文明，把生态文明建设摆在总体布局的高度来论述，“把生态文明建设放在突出地位，融入经济建设、政治建设、文化建设、社会建设各方面和全过程，努力建设美丽中国，实现中华民族永续发展”。

通过一系列的生态理论研究、与生态问题和环境保护有关的全球化会议、相关的法规政策的出台、公共事务主旨的制定、文化艺术的举措等行动，我们可以看到全球范围内对生态问题的重视。公共艺术中生态观的形成与此种情况不无关联，从全球范围来看，自20世纪60年代人类社会逐渐步入后工业时代开始，公共艺术逐渐由最初的单一艺术品介入公共空间这一概念，走向与更大范围景观规划和设计之间的融合，更加关注艺术理念、行为或过程对城市有何良性的作用，能否满足城市中人的多元需求，是否对人的行为和心理产生良性的影响。在生态问题频发之时，公共艺术也被更多地赋予了生态的使命。正如有学者所言，生态问题“超越了意识形态、种族及宗教问题而迫使全球人类对其做出优先的反应。作为当代社会公共文化方式和观念载体的公共艺术，同样需要在诸多方面优先应对生态问题的考验与挑战”。一些作品通过形象化或象征性的形式呈现或隐喻生态危机的临近，另一些则在创作和实践中融入丰富的生态理念，或直接通过作品来探讨生态问题的解决之道，从而使作品有助于城市的生态和谐与可持续发展。

基于此种情境，公共艺术介入生态问题，一方面可以通过其特有的审美形式及功能带来城市生态环境品质的提升，另一方面，对于一些公共艺术难以触及和解决的生态问题，可以通过形象化的诠释来达到警醒的作用。此外，还可通过环保、节能材料的选择减少对自然的负干扰和资源能

源消耗，或通过公共艺术的设置参与生态修复，这都是对生态有益的做法。当更多的艺术家、设计师将城市的生态和谐与可持续性发展视为己任时，他们也为城市生态问题的解决提供了一种艺术化的渠道。

（二）设计者的生态意识

生态意识，简而言之，是指人们在观念上主动地对自然的保护与关爱及对生态问题的关注与反思的意识，从深层而言，是将人、社会和自然作为有机整体看待的意识，在这个整体中，各种因素之间彼此联系、相互作用，形成一个联动的整体。

伦理学家汉斯·约纳斯指出：人类不仅要对自己负责，对自己周围的人负责，还要对子孙后代负责；不仅要对人负责，还要对自然界负责，对其他生物负责，对地球负责。这些理念对当代的设计活动产生了直接或间接的影响，使得生态意识成为一些艺术家、设计师的自觉意识，设计结合自然、较小干预自然、节能简朴、生态修复的理念与手法开始进入设计者的视野，成为新的价值取向。

公共艺术从词源上看就是“公共”和“艺术”的结合，既包含哲学上的公共性，也包含艺术本体的艺术，两者的结合绝非简单的相加，而是融合成一个彼此渗透、相融共生的新领域。作为公共知识分子的一员，公共艺术的设计者离不开“面向公众发言、为了公众而思考和涉及公共社会中的公共事务和重大问题”。公共知识分子的特点在于，往往对社会公共事务、公众精神和社会普遍关注的焦点问题表现出强烈的责任心和关注意识。就公共艺术而言，其价值核心是公共性，在当代社会，对包括生态问题在内的重大社会问题的关注与探讨构成公共性的新内涵，生态问题也成了一批具有生态意识的设计者重点关注与思考的内容。其生态意识体现在创作中融入对于生态问题的关注和思考，或参与生态问题的解决，通过作品反思生态问题并探讨解决之道，为生态问题增添一种艺术化的解决途径，通过公众与作品的互动而引发其对生态问题的警醒与关注，并自觉采取低碳环保的生活方式，尊重自然，采用节能简朴的材料等，诸如此类的手法都是体现其生态意识的重要方式。设计者的生态意识在某种程度上成了公共艺术中生态观的重要成因。

在设计领域，以往一些作品有很多都建立在耗能耗材、缺乏对自然生态足够关注的基础之上，由此带来一些问题，如硬质景观面积过大造成的热岛效应、玻璃幕墙使用过多带来的光污染、华丽包装下造成的材料浪费与能源消耗等，不可谓不是一种建设性破坏。就景观设计而言，其设计的本意应是为人类提供更舒适、优质的生活环境，然而这种设计反过来却对人类自身的生存造成了负面影响，这就违背了设计的初衷。在如今这个呼吁低碳、环保和生态意识的年代，这些建设性的破坏到了一个亟待调整的时刻。因此，在城市的规划、设计、建设等过程中树立生态意识，探寻一条城市发展和生态保护之间协调发展的有效途径，被提上了日程。公共艺术也被纳入这种艺术、生态、城市和谐共生的系统中，作为探讨城市生态问题解决之道的一种思路和途径。

在全球共同关注生态的背景下，由公共艺术领域内部生发出一种转型，这种转型是时代的需要，是公共艺术一贯以社会问题的关怀为指向的特点所在，也是设计者自身的责任感使然。越来越多的艺术家、设计师开始将视点转向生态角度，采用节能简朴的材料，反思和探讨生态问题，并寄希望于引发公众对生态问题的警醒与关注，同时，在作品创作的过程中力图保护乃至修复场地的生态。这种转型也推动着公共艺术中衍生出基于生态意识的一类作品，这些作品浓缩着自然的智慧与对自然的尊崇感和对生态的关怀与反思，注重公共艺术创作与设置过程中对自然生态的尊重与维护，在设计中尽量利用自然元素和材料创造自然、质朴的环境，或通过作品改善城市环境，甚至对已遭人类破坏的环境有所补偿。较之一般意义上的公共艺术，基于生态意识的公共艺术旨在通过设计科学合理的空间环境，促进生态系统的良性循环和资源的合理配置，减少对物质和能量的消耗，以实现人、自然、城市之间和谐共生的关系，从艺术的角度探讨城市的可持续发展之路。

当设计者们自觉以各种生态问题的探讨为己任，将会使这些生态问题的解决方法获得多元的智力支持，当更多设计者自觉、自省地在设计中贯穿生态意识，将会使其辐射面更广、更深，最终寄希望于每个个体都能通过社会的呼吁，形成保护环境的意识。基于生态意识的公共艺术，终究是要

通过作品来影响公众的行为，进而形成全社会对生态问题持续广泛的关注与行动。

（三）公共性的当代诉求

公共艺术是一种以公共性为价值核心的艺术形态，这种公共性通过作品内涵对公共精神和社会内容的体现、作品的创作及设置过程中对公众需求的观照，或展示过程中互动参与的形式等多重手法来实现，有着丰富的社会内涵，且随着社会的发展而不断变化，也正是如此，才能不断纳入新的社会内容。所谓“艺术介入社会”或“艺术介入空间”，不仅是指艺术介入物理的公共空间，更是在观念上对社会内容或社会问题的反映与思考，从表层的公众喜闻乐见的内容与形式，到深层的社会反思与批判，都是公共性的一种体现。公共艺术的存在价值也很大程度上在于对各类社会问题的反思与批判，在于站在个体的独特视角提出自己的价值判断与思考，从而能够为这些社会问题提供一种艺术化的解决途径，也唤醒更多人的关注与认同。随着生态问题逐渐成为困扰人类社会的主要问题之一，公共性也因生态观念的介入而获得新的内涵。公共艺术中生态观的出现与这种公共性的诉求有着很大的关联。

公共艺术是由“公共”和“艺术”两个原本无关联的词组成，有了“公共”这一前缀，表明了其不单纯包括艺术本体范畴，还富有哲学、社会学的内涵。“公共与私人乃是相互对立的一组概念。”德国哲学家汉娜·阿伦特指出，“‘公共’一词表明了世界本身……共同生活在这个世界上，这在本质上意味着一个物质世界处于共同拥有它的人群之中，就像一张桌子放在那些坐在它周围的人群之中一样。这世界就像一件中间物品一样，在把人类联系起来的同时，又将其分隔开来。”德国尤尔根·哈贝马斯的公共性理论便是建立在对汉娜·阿伦特理论的继承和市民社会分析的基础之上的，他在《公共领域的结构转型》一书的开篇写道：“凡对所有公众开放的场合，我们都称之为‘公共的’，如我们所说的公共场所或公共建筑，它们和封闭社会形成鲜明对比。”哲学的“公共”与艺术本体的“艺术”的结合造就了公共艺术的独有特性，不单是艺术作品，也是一个开放的，容纳公众参与、交流的社会互动的场域，其所包含的公共性不仅指作品位于开放的公共空间,其内涵也更多反映公共精神和社会内容。

公共艺术的发展往往离不开适宜的社会背景,就中国公共艺术的形成与发展而言,其是伴随着经济发展、城市的环境及文化建设的大规模发展而逐步展开的。20世纪90年代,西方公共艺术的概念开始引入中国,此时,中国的公共艺术已具备良好的发展条件:经济的发展为公共艺术的发展创造了资金条件和动力,城市文化的发展带来艺术的繁荣,而大规模城市建设又为公共艺术提供了客观的环境和介入的契机。当公众物质生活逐渐得到满足,更多地由物质需求转向关注自身精神生活和文化生活的充实之时,他们也创造了公共艺术的接受环境并产生了艺术走向公共的内在动力。国家对公民权利、文化权利的重视也促使着艺术更多地走向"公共"。在这种语境下,公共空间的艺术逐渐获得了公共艺术的当代称谓和公共性内涵。公共艺术正是因这些社会的内在逻辑而发展起来的。每一时期的艺术往往潜移默化或直接受到当时的社会、文化、政治、经济等的影响,同样,在当代中国注重公众文化权利、公众参与的背景下,以公共性为价值核心的公共艺术的形成与发展就顺理成章了。

艺术家、设计师们在公共艺术中的角色不仅是富有创意与个性的创作者,同时也是公共知识分子,关注社会问题及公众精神,通过作品发声和引发交流。公共艺术的存在价值也被更多置于瞬息万变的社会中,把握社会的脉搏,关注和反思社会问题,探讨社会问题的解决之道,在于立足自身的独特视角提供个体的价值判断与思考,以批判性力量介入社会现实语境当中,为社会问题的解决和公众的行动提供启示,激发公众对这些社会问题的自觉自省,并开启一个可容纳公众自由交流与互动的场域。亦如哈贝马斯所定义的,将公共性视为公民自由交流和开放性对话的过程,是一种表达意见的机制。只有在对个体充分尊重的基础上才能谈到真正的"公共",否则"公共"只是一个虚无缥缈的社会理想。米歇尔·福柯也曾指出:"我的目标之一是向人们表明,许多他们认为是普遍的、是他们风景的一个组成部分的事情,实际上是一些非常确切的历史性变革的结果。我所有的分析都是为了反对关于人类存在着普遍的、必要性的想法。"他同时指出,正是通过对普遍性价值的质疑和对不同声音的多元化价值的凸显,当代艺术确

立了自身的公共性。由此可见,公共艺术的“公共”是一种保留差异的认同,既涉及社会内容和公众精神,又建立在对个体意识重视的基础之上,由不同参与主体带着个体性进行交流而产生。这种个体性对艺术家而言,是在作品中融入的对社会问题的批判与反思,对公众而言,是对这些社会问题的自由交流和自觉自省,这是公共艺术中公共性的内涵所在。

对艺术本体而言,公共艺术的审美价值也离不开一种批判性思考,这种价值在于,通过作品让公众体验到艺术家的真情实感,体会到明确的问题指向。如果这一切都从作品中消失,缺乏问题针对性,而替换为司空见惯的艺术形式、乏善可陈的艺术感悟和不言自明的理念,那么艺术作品的本质何在?艺术价值何在?苏珊·朗格关于“艺术品本质上就是一种表现情感的形式”的表述能够给我们一些明示和启迪,而这种情感更多是立足于艺术家个体的批判性思考。对待社会普遍关注的问题,在公共艺术的互动场域中的反映也是言人人殊、不尽相同,也由此激发出思想与精神的碰撞与交流,并在互动交流中趋向认同,公共性也由此产生。

当然,公共性的内涵是会随社会发展而不断变化与充实的,不断纳入新的社会内容,随着近年来生态问题的激化,对生态问题的探讨逐渐成为一种公共性的当代诉求,因生态观念的介入而使得公共性的内涵获得一种新向度。如纽约大学教授理查德·桑尼特所言:“私人生活是个人的状况,而公共生活却是由众人所创造的。而且每一代都会创造新的公共生活。回顾历史,大多数社会都具有可识别的‘公共生活’,但‘公共’的概念却经常改变而十分灵活。”作为当今社会最突出问题之一的生态问题,其危害性和紧迫性超出了以往任何年代,这成为具有生态意识的艺术家和设计师无法忽视的内容和关注的要点。

公众参与同样也被视为公共性的重要内容,在汉娜·阿伦特的理论中,“对人来说,世界的现实性是以他人的参与及自身向所有人的展示为保证的;‘向所有人展示,我们称之为存在’。”他人的“在场”是公共性或共同生活的关键。“其他能够看见我们所看见的东西、听见我们所听见的东西的人的在场向我们保证了世界和我们自己的现实性。”在阿伦特的观点中,公共领域便是一个由人们透过言语及行动展现自我,并共同活动的领域。这表明了公共生活是由人们之间的言行及彼此间的互动构成。参与者的“在场”也成为艺术公共性得以实现的条件和公共艺术的一种存在证明，同时也是艺术公共性能够实现的基本保证。作为公共艺术接受主体的公众不仅是欣赏者，也理应是重要的参与者和互动者。汉娜·阿伦特曾指出，公众参与是健康公众生活的标志，也是公共性实现的重要条件。人是社会的动物，人的社会属性决定着人具有交往和交流的需求，以及参与公共事务的需求。人们需要有一个话题让他们彼此都关心，有一种方式既能触及理想，又能反思社会。对于公共艺术及其设计者来说，走进公共空间被他人看见和听见，是其存在的证明，因为艺术是需要“证人”的艺术，艺术的“独自”不再备受推崇，纯粹“为艺术而艺术”也证明难以在当代社会立足，“为社会而艺术”则表明了其是艺术介入社会的最基本动因之一，这使得艺术更多在内涵上与社会建立内在的关联，从而也建立了其与社会公众沟通的可能。公共艺术理论家翁剑青认为，只有通过公众或公众代表的充分参与才能体现社会公众对创作公共场域艺术的真实愿望、有关权利的授予和行使过程的监控，即体现公共性的重要内涵——合法性。这表明了公共艺术中公众参与的重要性，公共艺术可以成为一种人与社会之间的交流载体。

当然，公众直接参与公共艺术的创作过程并没有作为一种常态化的形式固定下来，其可行性还有待探讨。鉴于此，我们所理解的公众参与不仅包括形式上的，还包括精神层面的参与和交流，即凭借公众在身体上的参与和互动及情感上的交流与共鸣来实现公共性。在此可尝试分析一下，在公共艺术不断介入生态的潮流中公众的参与有何体现，这种参与又是如何促进公共艺术中生态观的形成。公众参与基于生态意识的公共艺术，一方面体现在其作为生态改善的受益者，另一方面，这类作品涉及公众关注的社会问题，易于引发公众的情感反应与互动。与公众生活息息相关的生态问题不仅关系着公众生活环境品质的优劣，也关系着城市的可持续发展，因此备受公众瞩目。人们在各种公共空间就作品本身和所涉及的生态问题的交流与讨论便可理解为一种公众参与。作品中的生态警示与反思也会激发一些人自觉、自省地采用低碳、环保的生活方式，这亦是一种参与。此外，基于生态意识的公共艺术有相当一部分是以数字化形式呈现，具有

较高的互动参与性，人们轻点鼠标、触摸屏等传感设备，就能沉浸在作品之中，感受其传达的生态理念。多媒体的形式与丰富的表现手法能够瞬间吸引人的注意，在互动参与中引发人们对意义的探究和对内涵的思考。正如卡特琳·格鲁所言："公共艺术作品呈现给人的感受并非一成不变的，在体验的过程中敞开其不同的面，形成流动的体验，不断给人以新的惊喜，随之展开对于空间的不断诠释。这件作品不是告诉公众这个空间表现的是什么，而是以充满吸引力的形式诱导公众探寻公共艺术的意义。这是一种真正意义上对公众敞开，邀请公众参与创作作品，它采取不同寻常的艺术手法，同样达到了艺术与空间、艺术与公众的交流。"

公共艺术的互动参与需要一种贴近公众生活、引人入胜和引发公众探究的主题与形式，而数字化公共艺术正是因为拥有如此的特性，而常被用于表达节能、环保等生态的主题，使人在互动中潜移默化地接收生态的理念。也正是因为公共艺术具有的公众参与的特性及其优势，使其尤为适于表达生态的理念，由此也推动了公共艺术中生态观的形成。

综上所述，我们可以判断，公共艺术中的公共性产生于人们以行动参与公共艺术活动和以言语就公共艺术话题进行自由交流的过程中，这既是一种对个体的尊重，也是对参与主体间互动关系的呼唤。就此而言，基于生态意识的公共艺术，不仅在观念上反映公众尤为关注的生态话题，同时探讨生态问题的解决之道，以艺术独特的精神品性为社会带来感性的一面和实践方式，也因作品的内涵与主题的社会亲和力与问题指向，实际建构了可容纳不相识个体间交流、对话的公共空间。

基于以上的论述，我们可以判断，全球范围的生态问题及由此形成的对生态问题的重视，是公共艺术中生态观产生的背景，设计者的生态意识是其产生的动力，而公众的生态需求则是其生发的土壤。这些方面的因素共同推动着公共艺术中基于生态意识的一类作品的出现。

二、中国当代公共艺术生态观的现状

当越来越多的艺术家和设计师将眼光放置于城市的各类生态问题，我们也观察到，在中国公共艺术领域，这种生态观并非一开始就受到人们的重视。究其原因，其一，在中国公共艺术发展的初期，很多的公共艺术创作还是相当个体化的，倾向于表达艺术家个体的观念与精神，或满足委托人的需求与喜好，社会内涵或公众精神在其中是有些缺失的；随着公共艺术的发展，及其与社会和公众之间的互动不断加强，这一方面的比重逐渐增多；加之西方公共艺术的价值观不断被引入，对社会问题的关注和对公众精神的观照开始成为中国公共艺术的价值取向。当更多的艺术家的关注重心由艺术本体或功利目的转向与公众切身相关的社会问题时，也就形成了一种所谓的“艺术介入社会”的趋向，各类当代艺术的界限被模糊，公共艺术的外延得以拓展，内涵更为多元。在这一“艺术介入社会”的趋向中，对生态问题的关注者也多了起来。

其二，从公共艺术的机制来看，通常由专人委托或投资，委托人或投资者的立场、旨趣往往会影响艺术家的创作及公共艺术最终的面貌，而表现生态问题这类带有社会公益性质的主题似乎难以获得市场的青睐，因而，当整个社会对生态问题的关注程度较低，也就是社会的接受基础较弱之时，那种对生态问题充满情感张力的批判、呼吁、呐喊就不像现在这样多见。如今，随着生态矛盾的日趋激化，这一问题已不单纯是环境领域的问题，各个领域似乎都被卷入与生态问题有关的连锁反应之中，成为人们无法忽视的时代主题，因而生态问题成了一个全社会范围普遍关注的焦点，也正因如此，节能、环保、低碳等生态主题的社会需求扩大了。通过对很多大型展会及各类公共空间中的公共艺术内容、主题，包括2010年上海世博会各展馆的数字化公共艺术形式的观察，我们可以鲜明地感受到基于生态意识的作品占了较大的比重，艺术、生态、城市被置于一个相融共生的场域进行探讨，以一个相互关联的整体被感知，这不仅为公众提供了新鲜的视觉经验，在这个多元融合、学科交叉的领域，也会闪现出不同寻常的艺术光芒。艺术因对生态问题的探讨而引起共鸣和关注，而生态问题、城市可持续发展问题也通过一种艺术的方式进入公众视野，在这一公共的场域中被关注和讨论。这从某种角度来说，也成为吸引艺术家基于生态意识而创作的社会因素之一。

在全球大多数国家将生态问题、城市可持续发展等问题列入当今社会要解决的重要问题的背景下，党中央对生态问题高度重视，提出，“加强生

态文明宣传教育,增强全民节约意识、环保意识、生态意识。形成合理消费的社会风尚,营造爱护生态环境的良好风气”。

以下选择北京、上海、深圳这三座无论是经济社会发展还是公共艺术发展都处于国内前列的城市,来针对公共艺术中生态观的现状做一个总体分析,以期找到一些普遍的规律和特点。其间所涉及的观察对象包括城市的景观建设、大型展会活动、旧工业区改造、社区建设等不同领域。实际上,公共艺术正是凭借着与各种公共生活或公共事务的结合与融入,同社会之间发生广泛深入的互动。当然,我们的探讨对象还是要聚焦于其中具有生态性的部分,有些时候,也会从单纯的公共艺术领域稍稍延伸至各个不同的社会领域进行探讨。

以北京为例,通过对其公共艺术的整体观察,可以发现,公共艺术在城市的建设中发挥了较为突出的作用,成为优化城市生态环境的一种手段,艺术、生态、公共生活之间的结合较为紧密。在2008年北京奥运会举办之际,北京的城市景观建设与设计也更多围绕“绿色奥运”而展开,注重节能、环保,同时也强调景观建设过程中对生态的修复。从北京青年报的一篇报道中可见端倪,“北京绿化美化工作将按照‘新北京、新奥运’对生态环境建设的要求,以‘绿色奥运’为主题……充分利用河流、坑塘自然条件,加强湿地的恢复、建设和保护工作。恢复和建设一批芦苇荡、荷花塘景区。继续实施造林治沙工程”。在工业废弃地景观改造的生态理念与手法方面,北京也一直走在前列。建在国营798电子工业厂区的798艺术区,现已成为国内知名的艺术集聚区之一,随处可见刻意保留的工业历史痕迹,旧的厂房、机器设备、零件转换成了极富艺术旨趣的视觉元素,废弃物的再利用、工业建筑的功能再生、就地取材等理念无不贯穿着浓郁的生态意识。

此外,在北京一系列大型展览中,“生态”正成为主题。2010年第四届北京国际美术双年展将主题定为“生态与家园”,将一批基于生态意识的作品集中呈现在公众面前,“旨在表明当代中国与世界各国艺术家关注生态环境问题的文化立场和艺术担当”。其所指涉的生态概念不仅包含自然生态,还包含人文生态,具有更广的语义。多数作品具有明确的问题针对性,从批判人的行为对自然所造成的破坏,到提倡解决生态问题,借此探讨人、自然、城市的新型互动关系。作品主要分为两类：其一是批判性和警示性的，针对破坏生态环境的思想和行为进行批判。其二是肯定性和赞美性的，包含对保护生态环境的自觉意识和采取积极措施的肯定，以及对建设生态平衡的理想家园的热情赞美。2011年，“延展生命国际新媒体艺术三年展”在北京举办，面对全球范围的环境污染和生态危机对人类生存环境的威胁，展览从哲学层面展开对人与自然关系的反思，探讨以艺术的想象唤起公众对生态问题的认知及环境保护的生态意识，从艺术的角度参与生态问题的探讨。这些作品从个体的视角对导致生态危机的历史缘由和哲学背景进行深刻思考，对现代主义运动所催生的人的主体性及由此产生的人类中心主义提出质疑。将地球生命所依赖的生态环境引入公众的视野，以艺术的方式唤起人们对环境破坏和生态平衡的关注，一批艺术家得以将其基于生态意识的作品展现在公众面前，并介入环境的保护和生态的重塑之中。此处针对北京的公共艺术所列举的例子尽管难以概括所有，但关于其公共艺术中生态观的概况仍可窥见一斑。

接下来，我们将目光转向上海，首先从城市的生态建设说起。2007年首届上海国际生态建设市长高峰论坛在上海举办，这次会议强调了城市化、工业化加速发展的时期生态建设的重要性，提出生态建设根本的出发点是在努力提高公众生活水平的同时，注重创造良好的生产、生活环境，维护公众的环境权益，建立环境清洁、优美舒适，适宜生活的城乡体系。其中对生态建筑、生态景观、湿地的保护与修复、新能源的利用、可回收材料利用等的探讨，凸显了城市生态建设过程中，艺术与生态融合的重要性。上海近年来城市景观的建设也一直紧扣生态环境改善的主旨，我们可以看到城市各个公园、广场、交通干线等处遍布着各类“绿带”，其主要的功能一方面是对城市中颇为稀缺的绿植进行恢复，通过自然意趣的营造，以改变钢筋水泥造就的“都市森林”的面貌，同时这些“绿带”也能够起到空气净化与调节的作用，融艺术与生态为一体。

同时，上海围绕黄浦江和苏州河水域的水污染治理进行了一系列生态化的景观建设，利用生态技术与景观结合的方式进行水质的改良，以实现场地的生态恢复、水资源的循环利用等。后滩公园、梦清园环保主题公园

等艺术介入生态的尝试，表现出浓厚的生态意识和对自然的尊崇，不仅减少了治污所需的成本，同时，对生态环境的恢复也产生了积极有效的作用，可谓是提供了一个艺术与生态融合的范本。与此同时，上海围绕世博会而进行的城市建设也随处可见，艺术与生态联姻的智慧与创意，共同建构着城市可持续发展的理想。此外，公共艺术在工业废弃地景观改造方面发挥的生态作用不容小觑，不仅手法多元，也有诸多可借鉴的成功案例。世博园区江南造船厂的景观改造充分利用了老厂的厂房、设备、零部件等来作为新景观的营造元素，体现了简朴、低碳、环保的生态理念与手法。在昔日耗能污染大户上海铁合金厂的旧址上建造的钢雕公园，将老厂的废旧钢铁制成了一件件作品，充分利用这些废弃材料，赋予其艺术美感与新的生命力。吴淞炮台湾湿地森林公园，在保留原生态长江滩涂的基础上，建造了一个可容公众亲近长江的湿地森林景观。同时，其充分利用矿渣改造而成的景观，实现了就地取材、就地取景的节能简朴的生态手法。公园还尤为注重景观改造与生态修复的结合，诸多充满着智慧与亮点的做法可资借鉴。不仅为公众提供了亲近长江的自然诗意的空间，也是一个生态意识的宣传、教育与激发的场所，更是艺术、生态、城市融合的典范。

南方的深圳，是一座年轻且具活力的城市，其在公共艺术建设、城市生态建设等方面探索的步伐较大。从深圳获得的一系列荣誉称号我们可以感受到其在生态建设方面所取得的成绩。1994年，深圳获“国家园林城市”称号；1997年，获首批“国家环保模范城市”称号；2000年，当选“国际花园城市”（中国首个获此殊荣的城市）。这与其在艺术介入生态方面一系列的探讨与尝试不无关系。深圳提出打造花园城市，注重持续性地完善城市自然生态，如构建“四带六廊”区域生态安全网络格局，保护和建造城市的生态走廊，推进区域绿道网和立体绿化带建设等，其人均公共绿地面积居全国前列。当然，绿化并不简单等同于生态，其建设过程中的理念与手法才是决定是否是生态的首要因素，但绿化可谓是生态建设的基础。在深圳的城市生态建设中，我们可以观察到很多艺术、生态、城市融合的优秀案例。

深圳华侨城社区创造了一系列艺术介入社区和融入城市的典范，不仅整个社区的公共艺术数量多，其还设有致力于公共艺术活动的何香凝美术馆，至今共举办了六届当代雕塑艺术年度展，每届展览都有各自的主题，其中公共性又都成为一个核心的话题，参与者大多从不同角度理解和诠释当代艺术的公共性，以及艺术与社区文化、环境的关系，很多作品正是从生态的角度介入公共性的探讨。其中第二届展览更是以“平衡的生存:生态城市的未来方案”为主题，强调了艺术对现实的能动作用，艺术与人类赖以生存的自然生态、社会环境和公共空间休戚与共的平衡关系，以及艺术的社会功能在中国当代社会中的内涵与外延等。基于这样的主题，艺术家对现代与传统、人类与环境、发展与生态等当代社会问题展开各种角度的思考。这种艺术介入社区的方式旨在探讨现代艺术与都市环境的融合，尝试在全球化和现代化的城市背景下，创造一个具有公共性的“精神家园”，以公众的和谐生存与居住为线索，将公共艺术融入社区的公共空间中。每届展览大都选择在社区内开放的公共空间进行，部分艺术家在现场进行创作，公众有机会介入其中。创作过程的完全公开也是公众参与的一种方式，同时也是公共性的一个体现，且在与艺术家和艺术作品面对面交流的过程中，公众对艺术内涵的理解更为直观深入。正如策展人黄专所言:“当代艺术应该成为一种公民自由交流的工具而不是时代和社会的训导者和代言人。”围绕这一思想，展览拟订了“平衡的生存:生态城市的未来方案”这一主题，为建立艺术与公众的对话提供了一条有效的途径。当代雕塑艺术年度展现已成为国际性的公共艺术活动，它汇聚了全球最为前沿的公共艺术家的作品，在场创作、户外展示、融入社区环境等形式都有助于加强作品与城市及社区自然环境的对话和沟通，对社会问题的敏感和明确的社会问题指向也激发出作品对生态问题等社会公共话题的关注与探讨。

基于国内一些重要城市的公共艺术及生态建设的现状，可以观察到公共艺术与城市生态建设之间融合的尝试，公共艺术在城市中发挥出较为积极的作用，对生态问题的警示与反思、景观改造与生态修复的结合、绿色材料及新能源的利用等，在很多公共艺术作品中都有所涉及，设计者从不同角度探讨着生态问题的解决之道。尽管所列举的城市不能代表所有，但基本能够反映中国公共艺术中生态观的现况，以及对生态问题的探讨角度、所采取的生态理念与手法等，在这个大的时代背景下都有着相似性，且上

述城市在艺术介入生态方面的步伐迈得更大一些，有更多成熟的例子可以观察。这样的例子越来越多见，这也表明了生态问题已超越其单纯的学科领域，开始影响和涉及社会方方面面，其解决方法也不单纯是靠技术来完成，也涉及包括文化艺术在内的社会各领域的联动，而其中公共艺术的社会参与度较高、社会参与面向较广，观念的传达相对来说更为直观深入、互动参与性更强，也正因如此，才会被更多地纳入艺术、生态、城市相融共生的场域中，作为城市生态问题的一种解决之道被认可和探索。

当然，这样的认识并没有达到普及的程度，较之西方一些国家已经有成熟的生态治理与公共艺术相结合的城市建设路径，我们还只是在路上，但不时出现的一些优秀案例和理论让我们看到了希望。相关理论的发展、观念的先行、优秀案例的涌现，是基于生态意识的公共艺术兴盛的基础。这不仅是艺术领域的一次跨越，更是社会领域的一种思潮；不仅为公共艺术本身指明了一条与社会建立密切联系，增强其社会价值的路径，同时，更是为社会问题提供解决思路、解决方式的一种艺术化道路。正如有学者所指出的，“中国当代景观文化和公共艺术的实践和理论均处于发展与探索的前期阶段，作为一种方法论和价值认识，兼容自然生态及社会生态整体性内涵的广义生态学，必将是未来中国公共艺术担当其社会责任和显现其文化作用的根本性依托，而艺术的审美内涵及美学价值亦将随着时代及新的文化哲学的体悟而不断拓展和延伸，并融会于其中。”

第二节 数字化公共艺术生态去向的特征与作用

数字化公共艺术实际上与通常所称的新媒体艺术有着交叉重合性，也有人将其称为电子艺术、数字艺术等，这些可以视为是公共艺术中的一种数字化的趋向，也可理解为是新媒体艺术对公共艺术的介入。新媒体艺术指的是一种以光学媒介和电子媒介为基本语言的新艺术学科门类，建立在以数字技术为核心的基础之上。艺术与科技交汇融合的发展史表明了，一些新技术的出现，往往会带来某种形式的艺术变革，在数字时代，技术的日新月异也带来艺术形态的层出不穷，不仅艺术的媒介更新迅速，观念上的更新变革也日新月异。传播学者马歇尔·麦克卢汉认为“媒介即讯息”，这可理解为媒介本身就是其展示的内容。利用新媒体进行创作的艺术家对技术表现出高敏感度，从早期的录像艺术、灯光艺术，到互动装置艺术等，无不体现了艺术家对于技术的大胆试验与尝试，不断探索新的表现语言。随着计算机技术、虚拟现实技术及网络技术的发展，新媒体艺术的媒介更为多元，影像媒介、互动媒介、声音媒介、光电媒介等层出不穷，艺术的语言与视角得到前所未有的开拓。

数字时代背景下，新媒体艺术不断介入公共艺术领域，为其发展打开了一个新的局面，新媒体艺术的多媒体融合与实时交互特性在一定程度上增强了公共艺术领域公众参与的程度。其所包含的形式多种多样，互动装置艺术、数字影像、LED艺术等，取多元艺术之长，集图、文、声、影像交互于一体，拥有丰富的可能性，不断拓展未知的艺术层面。数十年来，新媒体艺术家们通过多元的媒介创作出了丰富的视听作品，极大拓展了当代人的艺术感知经验，也与当代社会建立了密切的联系。正如有研究者所指出的：“新媒体中的媒介，不仅仅指艺术表现的物质载体或手段。而且指当代艺术作为文化活动面向社会、进入社会公共空间的方式。”新媒体艺术的不断介入与融合，不仅关系着公共艺术发展的未来之路，同时也为原本高深莫测的新媒体艺术吸引了更多的观众。

尽管数字化公共艺术现在还缺乏相应的学理界定，但这样一种趋向不容忽视，在各类公共空间、各种展会活动中，数字化公共艺术的出现频率增强，不断带给人们惊喜与新奇感，这类作品总是汇聚大量人气。因而，当人们寻求更多元的观念表达方式和更广的公共效应之时，自然会将眼光放在这一领域。尤其是涉及生态问题这一当代社会核心话题之时，数字化公共艺术不失为一种独特而有力的语言方式。数字化公共艺术中基于生态意识的作品逐渐增多，究其原因，一方面，随着生态问题的频发，艺术家、设计师们以自身行动介入生态问题的探讨，并不断寻求生态警示与反思的有效表达方式。另一方面，社会的生态需求增强，也催促城市管理者、设计者和建设者共同关注这一领域，放弃以往无节制的城市建设与发展方式，探讨

替代材料和形式,减少地球不可再生能源的消耗,同时,寻求更多元的表达方式,以唤醒公众的生态意识。

一、艺术与科技的交汇营造充满临场感的体验

作为一种前沿的艺术形式,数字化公共艺术处于动态发展的过程当中,一些当代艺术形式纷纷介入公共艺术中,成了各类公共空间的主角,构成数字化公共艺术的主体。数字化公共艺术汇聚了科技的智能和艺术家、设计师的创造力,集结了艺术、计算机、多媒体技术等综合的知识视野,并创造了全新的交互式、沉浸式交流方式,营造了充满临场感的体验,这颠覆了传统的观看和接收方式,公众甚至可以参与作品的创作过程,使得这一过程极富吸引力,同时,在观念的有效传达上也具有突出的优势。其多媒体融合和实时交互的特征为创作提供了新的可能,不仅具有突出的表现力和感染力,同时也强化了公共艺术重视公众参与的核心价值,因而备受人们的欢迎。

数字化公共艺术的出现似乎极为恰当地回应了多年来人们争论不休的艺术与技术之间关系的探讨。在人类的艺术发展史上,一些科学领域的重要发现与成果,在一定程度上对艺术的发展产生影响,并为艺术形式的丰富性提供条件。人类的科技进步曾为艺术带来巨大的变革,如透视学和几何学的成果为艺术提供符合真实视觉的透视理论,从而影响了文艺复兴时期的绘画;矿物和油料提纯技术的发展为画家提供了更丰富细腻的色彩表现空间,一定程度上造就了北欧明朗而富有层次的油画塑造风格;解剖学的发展为艺术提供了更为精准的内在结构原理,使绘画、雕塑中的人物形象具有更真实准确的结构与动态;机器生产的颜料和光学研究的成果促进了外光写生和印象派的发展,光学和色彩学的理论及实验成果,推动了绘画等艺术门类的观念和技术的发展,为印象派提供艺术的新视角,使印象派成为光学原理的最佳艺术诠释。

人类社会进入20世纪以后,科技对艺术的影响更为频繁,尤其是数字技术的介入,对艺术的形式、语言等都产生了巨大的影响,为艺术开拓了更为广阔的发展空间与表现形式。在近几十年的艺术发展中,艺术对新科技成果的吸收与利用日趋增多,各学科之间融合的频率和深度不断加大,各

种交叉学科、综合学科不断涌现，艺术与技术以前所未有的方式集结到一起，集图、文、声、影像等于一体的新媒体艺术便是例证之一。所谓“异类合成”美学便是以这种新媒体艺术为主体，它成了一个艺术与技术融合的极好佐证。著名科学家钱学森先生曾预言道：科学艺术相互作用，必将诞生文艺的新样式。这种新兴的艺术形式融科技的手段与艺术的思维和创意于一体，以科技的手段替代传统的画笔、颜料、雕刻刀等工具，来营造艺术的形象及内涵，并且可通过数字化设备引发公众的参与和即时交互。当具有动态多变的形式、丰富的表现力、互动参与特性的新媒体艺术介入公共艺术时，也为数字化公共艺术提供了一种生发的空间。与新的媒体相适应的新艺术形式对于观众而言具有极大的吸引力，尤其那些可交互的作品总是吸引着为数众多的参观者，当这类作品更多进入公共空间时，也在一定程度上扩展了作品本身的公共效应。

数字化公共艺术通常具有较强的交互性，而交互性的产生离不开虚拟现实技术的应用。虚拟现实技术是一种多媒体技术广泛应用后兴起的更高层次的计算机用户接口技术，它综合利用了计算机图形学、人机交互技术、仿真技术、多媒体技术、人工智能技术、网络技术、并行处理技术和传感技术等，利用计算机生成逼真的三维影像和多维虚拟环境，给观者带来各种感官信息，如视觉、听觉、触觉、味觉或嗅觉等，并通过多种传感设备使观者融入虚拟环境中，通过适当的装置，自然地对虚拟世界进行体验并与其交互。虚拟现实技术为数字化公共艺术提供了全新的展示方式和人机交互式操作环境，具有实时的三维空间表现力，从而给人带来身临其境之感。它以仿真的方式给观者创造一个实时反映实体对象变化与相互作用的三维虚拟世界，并借助传感设备，给人们提供一个观测和与虚拟世界交互的三维界面。人们可以直接观察、触摸和检测虚拟世界，并能够通过语言、手势等自然的方式与之进行实时交互，使人和计算机融为一体。当使用者位置移动时，计算机可立即进行复杂的运算，同时将精确的三维影像传回，从而使人产生身临其境之感，并能够突破时空等客观限制，感受到真实世界中难以达成的体验。虚拟现实技术主要有如下一些特性。

(一)沉浸性

沉浸性指人沉浸在计算机创造的仿真世界中,产生一种仿若身临其境的真实体验。这种沉浸性的实现往往凭借多种虚拟现实技术的支持,如基于图形的几何建模技术、基于图像的建模技术、真实感实时绘制技术、基于网络的虚拟现实技术以及借助一些辅助传感设备,对人的各种感觉进行模拟,同时,还可借助数据头盔、数据手套、数字衣等,使人们沉浸在一种人工的虚拟环境中,通过虚拟现实软件及其外部传感设备与计算机进行交互。

(二)交互性

交互性是虚拟现实技术的重要特征,指参与者通过专门的设备,用人类的自然技能实现对模拟环境的考察与操作的程度。交互性同时也是沉浸性产生的重要因素,正是多元交互手段的提供使得人们在观看作品的过程中产生较为强烈的沉浸性。

(三)构想性

构想性指虚拟现实技术所带来的可想象空间,不仅可再现真实存在的环境,也可以随意构想客观不存在的环境,拓宽人类认知领域,营造极富想象力的空间。

(四)多感知性

多感知性指除了一般计算机技术所具有的视觉感知之外,还包括听觉、触觉、运动感知,乃至味觉和嗅觉感知等。理想的虚拟现实技术应该包含人所具有的一切感知功能,但由于现阶段技术的限制,目前虚拟现实技术所具有的感知功能暂时限于视、听、力、触觉及运动感知等几方面。

简而言之,虚拟现实技术的主要特征就是让观者通过逼真的影像和场景以及与之的互动,让人感觉其是虚拟世界中的一部分,沉浸在充满想象力的空间中进行各种操作,充分调动多种感官,产生各种自然真实的体验,由被动的观看者变成主动的参与者。数字化公共艺术中的交互性也主要由虚拟现实技术的应用而产生。在科学技术高速发展的今天,人类的视觉图像语言得到了空前的开拓,艺术的视角和语言也发生了根本性的变化。各类虚拟现实技术和艺术设计创意的融合,使得数字化公共艺术具有较强的吸引力，集图、文、声、影像等于一体的多媒体表现形式及三维互动、虚拟漫游等形式，使得参观的过程更具交互性与沉浸性，为观众营造充满临场感的观看体验，使之能在计算机营造的虚拟场景中与作品进行互动与对话，这不仅有助于增强参观的效果，也有益于提升作品理念传达与内涵阐释的效果，能够增强其对于作品的理解，并产生进一步了解的兴趣，从而使信息的传达更为高效。

接下来，我们以两件作品为例，阐述这种临场感的体验如何由艺术与科技的融合而产生。2011年6月，在台北故宫博物院举办了“山水合璧——黄公望与《富春山居图》特展”。被誉为中国十大传世名画之一的《富春山居图》在360多年前被焚为两段，其一为现收藏于浙江省博物馆的《剩山图卷》，其二为收藏于台北故宫的《无用师卷》。在两岸的共同推动下，分离了360多年的传世名作终于合璧，这一活动有着浓厚的象征意义，也产生了广泛的社会效应。

作为活动的一部分，“山水合璧——黄公望与《富春山居图》新媒体艺术展”也同时开启，展览分为“山水化境”“画史传奇”“写山水诀”“听画”“山水对画”几个部分。其中，“山水化境”用3D动画和集锦摄影等艺术表现形式对《富春山居图》进行临摹，再现名作中的意境。不仅赋有动态的视觉氛围，同时也营造出蝉鸣、鸟叫、流水潺潺的听觉氛围，观众还可与画中人物互动。这件作品运用大屏幕投影而成，长36.8米，高1.8米，由新媒体艺术家林俊廷带领的团队历时一个半月完成。这件作品通过计算机技术将大陆和台湾的两幅《富春山居图》无缝结合，利用30多台电脑高速运转，动用上千幅摄影照片和数十台投影机，投射出比原图大5倍的作品；同时，还通过数字技术使得作品活起来。巨幅长卷书画叠映3D动画的实地山水影像，令人仿若置身其间。观众发出声响，画中人物就会回头、摇扇，渔夫、樵夫也活动起来，撑船顺水而行。这幅古代名作凭借数字技术和艺术创意的融合，转变为一件生动有趣，且具有较强交互性和沉浸性的数字化公共艺术作品，其表现形式对公众而言无疑是新颖和具有吸引力的。

此外，设计者还利用数字技术将原图倒映在虚拟的富春江水中，营造3D的真实效果，这个3D动画版的《富春山居图》还有四季分明的春、夏、秋、冬四个版本。而“听画”部分则以音乐呼应长卷山水画，更鲜明地营造富春江的诗画意境。让观众不仅可以通过视觉观赏《富春山居图》，还可以通过听觉、触觉去感知作品。这种数字化方式拉近了观众与传世名作之间的距离，使人们有了与名画面对面交流的可能，让观众更有兴趣观赏作品，再加上逼真的三维画面，让观众仿若走进名画，置身富春山水中，产生临场感的真实体验，也真切体会到名画中的意境与文化氛围。台北故宫博物院原院长周功鑫表示，“山水合璧——黄公望与《富春山居图》新媒体艺术展”把当代艺术家的创意和古典艺术结合在一起，既不失原有艺术的美感和艺术性，又把故事说得比较完整，这是一个突破。她认为，新媒体设计让观众更容易“进到里面去”，是很好的教育工具。通过这件作品我们可以感受到，观众对于这件名画的欣赏热情因数字技术的介入而得到增强。通过数字化的途径将传统文化及其观念推向公共空间，使观众因对作品的喜爱而增强对所融入观念、精神的探究热情和理解深度，这样一种模式具有深刻的启示作用。

同样，上海世博会中国馆的数字版《清明上河图》也是一件基于传统名画再创作的新媒体艺术作品，这件作品也可谓是公众认知度最高的数字化公共艺术作品之一。设计者利用数字技术将宋朝张择端的《清明上河图》搬到了馆内，并令画中的人物、动物和景物活动起来，人会走、鸟会叫、水会流，中国传统集市的热闹场景展现无遗。观众能够近距离观察中国传统城市的兴盛与繁华，感受中国传统的城市文化。上海世博会中国馆建筑总设计师何镜堂认为，在博大精深的中国文化和中华悠久历史中进行提炼，借助生动的形式和高科技手段，展示中华文明与智慧，成为中国文化“走出去”、提高软实力的重点。此外，设计者在原作的基础之上还创意性地增添了宋朝夜市的部分。《清明上河图》日景中有691个人物，夜景包含377个人物，所有人物都具有身份、样貌、动作及行动路线四种属性，运用多媒体技术完成如此多的内容是一项浩大的工程。设计者将中国传统艺术、现代投影与三维动画技术结合在一起，创造了这件工程浩大的数字化公共艺术作品。

将这些传统名画转换为新媒体艺术的形式，让静态的作品动起来，使观众由单纯的参观转为互动式参观，这能充分调动观众的参与性和求知欲，积极与名画互动并感受其美学意味和文化内涵，这不仅使作品的文化内涵得到传播与彰显，也使观众有机会从一种新的视角观看这些传统名画。这件作品成功地将中国传统文化通过现代的多媒体形式展现出来，取得了广泛的社会效应，获得了普遍的认同。据一项调查显示，90%以上的观众都认可这件作品，这也表明了数字新媒体技术可以和传统的艺术形式相结合，以传达丰富的信息与理念，并能够获得良好的公众认可度和普遍的社会效应。

这两件作品给我们提供了一些启示，艺术与科技的融合能够使公共艺术以动态、交互等特性，带给观众多感官的体验和充满临场感的真实体验，而这有助于增强作品的吸引力、信息传达的效率、观念诠释的力度等，从而使观众在身体和情感的互动中，深刻理解作品的内涵及观念。这也提示我们，当代社会的生态主题正是凭借这样一种艺术与科技融合的形式而深入人心。

数字化公共艺术从一定程度上模糊了艺术与科技的边界，从以往作品主要诞生于艺术家、设计师工作室，而转变为部分源自各类科研开发机构和实验室等。较之于传统公共艺术创作主体的单一性，数字化公共艺术更多是一种群体作业，往往汇聚不同学科领域的知识与智慧，艺术家、设计师通常依托一些技术人员的支持来完成作品。可以说，数字技术为艺术带来的变化是空前的，不仅在一定层面改变了艺术的思维与存在模式，也很大程度改变了创造与接受模式。同时，媒介的融合、实时的交互、观众的参与及作品展示形式的变化更将艺术与科技紧密地结合在一起。数字化公共艺术的出现使得公共艺术插上了科技的翅膀而飞得更高，也获得更多元的表现力。

二、多媒体的丰富表现力加强观念的诠释

从对现状的考察结果来看，当代的数字化公共艺术种类繁多，称谓各不相同，大体包括这样几类：互动装置艺术、数字影像、LED艺术等。新媒体艺术的一些表现形式自然成为数字化公共艺术的主体。在数字化时代及人们对生态问题普遍关注的时代背景下，在一些公共空间和各类公共活

动中,数字化公共艺术成了一种备受欢迎的视觉艺术形态,既能有效传达生态理念又能容纳公众参与,并能产生广泛的公共效应。它以动态、多变、交互等丰富的表现力取胜,虚拟现实技术的介入为其丰富的表现力提供了可能性,能够加强观者的视觉感受和心理体验,使观念的传达更为便捷、高效,有助于人们更为深刻地理解。也因此,数字化公共艺术得以在各类公共活动中出现并由此进入更广阔的公共视野。

一件富有吸引力的数字化公共艺术作品往往凭借诸如图、文、声、影像等丰富的多媒体形式,充分调动人们的观看兴趣和参与热情,给人带来视觉、听觉,甚至触觉等多重感官体验。它打破了静态作品所提供的单一观看和交流模式的局限,而提供多向交流与互动的可能性,在此过程中,使人产生身临其境甚至超越现实的真实体验和逼真感受,全身心地沉浸到虚拟的场景中观看和体验。这种沉浸式的体验被证明有多重的作用,能够提升人掌握知识的自主性,也加强人对于作品所蕴含观念的视觉感受和心理体验。因此,数字化公共艺术的形式对于生态主题的表达具有突出的优势。生态危机的警示、生态问题解决之道的探讨等,凭借多媒体的展示方式和形象生动的语言,能够突破单纯的宣传式语汇的局限,而在人们内心激荡出更多的回响。这样的例证越来越多见,我们可以对此进行具体分析。

数字化公共艺术往往以动态、交互的形式展出,再加上丰富的多媒体形式的运用,能够增添作品的魅力和视觉吸引力,也有利于对价值观、文化观等的诠释。一些抽象的概念得以通过直观、生动的形象呈现出来,从而有益于参观者更好地理解,如视频、动画演示等的有效配合能加深观众对于作品所蕴含观念的理解和接受。这些多媒体形式能够使作品的内涵直观化和形象化,而交互的形式本身也具有趣味性和吸引力,具有寓教于乐的作用。从心理角度来说,变化中的物体本身更能吸引人的注意,数字化公共艺术往往具有动态多变的外观,各种互动装置艺术、数字影像、LED艺术等,无不以其动态多变的形象展示着自身的艺术个性与特点,动态的视频、动画等较之静态的作品更擅长复杂语义内涵的诠释。此外,针对一些难以理解的抽象概念或复杂的内涵,数字技术能够以视觉的形式呈现出其外部形态,使之形象化而易于理解。多媒体形式的综合运用及配合可对主题进行多层面、多视角的展示与剖析，观众可通过联想将各种信息综合在一起，使信息的获取呈现出一种跳跃感，这就极大增加了信息量，在此过程中也易于产生形象生动、丰富启智的交互感受。抽象复杂的概念因而得以形象化诠释，而理解的效率也显著提高。

举例来说，上海科技馆的“探索之光”展区有一个相对论剧场。相对论本身是一种关于物质运动与空间、时间关系的抽象而复杂的理论，相对论剧场采用了大型幻影成像与真人表演相结合的方式，虚实结合、生动形象、深入浅出地阐释复杂的相对论理论，如“时间并非绝对”和“空间可以弯曲”等，使人走近相对论，感受其对现代生活产生的深远影响。在古代藏书楼天一阁的背景下，通过跨时空人物交流和多媒体的场景演示，这些抽象概念得到有效诠释，16分钟的演绎与诠释能让观众对这一高深的理论产生直观和感性的认识。此外，还有诸如量子论剧场、生态灾变剧场、机器人剧场、人体功能剧场等，都以数字技术和艺术结合的手段，通过多媒体演示的形式，将一个个抽象的概念形象化。

在“地球家园”的生态灾变剧场，观众通过一条林荫道进入位于森林深处的茅屋，观看一场运用视频、机械模型、声光电等手段打造的地球生态变迁的多媒体演示。首先映入眼帘的是一片茂密的森林、清澈见底的河水，呈现出一片宁静祥和的景象。忽然，尖锐的锯木头的声音响起，成片的树木在乱砍滥伐中倒下。随后而来的森林大火烧毁了大片的森林，而倾盆而下的大雨则使泥土松动，由此形成的泥石流、山体滑坡等冲毁了房屋，此时，剧院内也在晃动，观众仿佛亲历这一自然灾害的现场，产生一种充满临场感的体验。短短几分钟内，已是数百年光景，原本和谐有序、山清水秀的自然环境由于人类的过度开发、乱砍滥伐，而变得面目全非，泥石流、山体滑坡等自然灾害接踵而至。作品展现了人类生存所依托的自然由最初的美好逐渐走向最后的荒凉这一过程，让观众体会到人类破坏活动所带来的严重后果，也引发人们的反思。在观看作品的过程中，人们已深刻感受到生态问题与人类活动的关联，以及爱护自然、保护环境在现实中的紧迫感与必要性。

上海科技馆运用了数字技术与艺术相综合的手法，打破了传统的参观模式，创造更多的观众参与、互动的机会，让科学知识与观众互动起来，使人在互动中体验乐趣和感受知识的碰撞，这真正体现了一种寓教于乐的模式。上海科技馆也因此成了一个融知识、娱乐、互动为一体的大舞台，具有突出的教育、文化传播的作用。各类数字技术与艺术的融合，也提供了一场场融入多元学科知识的数字化公共艺术的盛宴。科学因艺术的介入变得如此有趣，多媒体的丰富表现力使得抽象复杂的概念变得直观易懂。

三、互动中生态意识的激发

在传统艺术作品的信息传播和交流方式中，艺术家是信息传播的主体，观众是信息的接受者，其传播特点是单向式的；在一些数字化公共艺术的创作和展示过程中计算机技术、多媒体技术及其辅助设备等的应用创造了全新的交流方式，数字技术的介入使公共艺术的信息传播和交流的方式发生极大变化，不仅改变了信息传播的主体，还能提供个性化和互动的参观方式，信息不再单纯由某一方发出，而更多是在双方的交流互动中产生。新的媒介、手段为创作提供了新的可能，艺术家的身份也相应发生了转换。尤其是互动装置艺术这一类的作品，观众参观时的自主性较之对于传统静态的作品有了较大程度的提升，观者可依自身需要选择观看的内容，或与作品产生即时的互动，作品也能够即时给予反馈，并呈现不同的面貌，这就使得观众的参观行为从以往被动接受转为主动探索，而自主性的提升有益于积极性的增强和参观效率的提高。

即时交互是一些互动装置艺术的重要特征，公众甚至可以参与到其创作过程中，大量使用的触控屏、传感器、位置跟踪器等，实现观众与作品的沟通与互动。凭借鼠标、键盘、触控屏及各类传感设备等，观者有意或无意地创作着作品，人们可通过各类设备对虚拟环境中的对象进行控制和体验，观者有意识的选择和无意识的动作都将呈现出不同的结果。虚拟现实技术及辅助设备的运用，将更多的公众纳入作品的参与主体中，提供一种对其而言新鲜的艺术体验，吸引人们驻足探索。在很多公共活动和公共空间中，那种可与公众交互的作品前总是汇聚着众多的观众。在观众与作品交互的过程中，也不断建构作品的外观和内涵，其结果也是开放的。数字化公共艺术的交互性使得人们的参观并非机械式的,而是互动式的;不是严肃枯燥的,而是轻松愉悦的;不是被动式的,而是自主探索的,参观者不是作为被动的信息接收者,而是作为主动的参与者投身其中。

可以说,虚拟现实系统中人机交互技术的应用改变了人们对于艺术的体验和感受,这些交互手段与图、文、声、像等多媒体展示形式一道,不仅带来感官的丰富体验,也增强了作品的表现力和观念传达的效果。多种媒体形式营造出的动态、多变的公共艺术能够给人带来逼真的视、听、触觉感受,这个结合了影像、声音、文字的超级文本,打通了艺术与其他领域的界限,连接了丰富的表现因子,而人机交互则首先吸引观众的参与,并且使人融入作品之中,沉浸在作品所营造的氛围中充分感受和体验。参与者的随机操作都会带来不同的艺术外观,这正是数字化公共艺术交互性的魅力所在。而在这种交互的情境中,一些观念的传达更为直观和高效,尤其是针对全球气候变暖、物种濒临灭绝、资源匮乏等探讨生态问题的作品,因多媒体的展示、即时的交互,以及由此产生的沉浸式情感体验,使得这些生态问题更为直观地呈现在人们面前,激起一种危机感,并进一步激发人们的生态意识和身体力行的环保行动。

2010年上海世博会韩国馆的正中间有一个多媒体互动屏幕,展示着海洋深处的动态画面。通过一个个触摸屏,观众可以根据预设的计算机程序和自己的喜好来设计一个海洋生物,包括海龟及各种鱼类,然后可以选择将其放生,这个海洋生物就会自由地游向大海深处,并可监测水质变化。在这一互动参与中,伴随着一系列内在情感体验的激发过程,参与者体验了亲手创造海洋生命的兴奋感,随后产生了保护它们的意识,并进一步产生保护它们生存家园的愿望,这一系列环节自然而然地从互动中生发。人们因此能够通过与作品进行的身体互动,以及由感性化形式与内涵所营造的情感互动,感受和理解作品所蕴含的生态理念。上海科技馆“地球家园”中有一个《垃圾的分类》互动游戏,屏幕上有各种垃圾往下掉,游客需要跳起将其分别投入不同类型的垃圾箱,分类的准确与否决定其得分的高低,这种互动游戏非常考验参与者的环保知识和手眼脑的协调能力,同时,在娱乐中参与者也会学习和掌握垃圾分类的环保知识。

综上所述，各类数字化公共艺术综合了虚拟现实技术与艺术之长，运用影像、2D或3D动画等，配合光色变化、交互等形式，吸引人的关注和参与。多媒体的形式、多感官的调动、即时的互动，能够加强观众的视觉感受和心理体验，因此，它更多成为一种社会价值观和文化观念的新型表达方式，也推动其在世博会、博物馆、展览馆、科技馆这样一类公共文化活动或公共空间中大放异彩。

第三节 艺术、生态与城市共生的保障机制

公共艺术是与城市结合紧密的艺术形态之一，其价值取向不单纯在于美化城市，更多在于对城市的积极作用，参与城市的振兴与发展和解决城市的问题。面对城市化进程中不断激化的生态矛盾，公共艺术领域逐渐生发出关注和反思生态问题，并探索生态问题解决之道的趋向。较之一般意义上的公共艺术，基于生态意识的公共艺术旨在通过作品唤起公众的生态意识，通过设计改善人类生活环境、维护生态系统的良性循环和资源的合理配置、减少物质和能量的消耗，达到人、自然和谐共生的目的。面对这样一种趋向，我们可以构想一种艺术、生态与城市共生的模式，通过公共艺术的介入解决城市化进程中出现的生态问题，进而有助于城市的可持续发展，发挥公共艺术对于城市发展的积极作用。

这是一个可以被更多人认识和探讨的领域。一方面，我们可以去分析和呈现公共艺术中蕴含的生态理念及手法，让人们以生态的视角观之并了解其作用。另一方面，通过这样的分析，我们可以充分肯定这样一类公共艺术对于城市的多元价值，并且可以判断，其发展不仅有利于实现公共艺术自身的社会价值，也是城市生态问题的一种解决之道。艺术、生态与城市之间共生模式的实现，及其在当代城市中积极作用的充分发挥，不仅需要设计者的认识与自觉实践，也需要唤起公众的生态自觉。此外，还需结合各类相关的教育、活动、机构等来促进艺术、生态与城市的共生，这些都可视为是一种保障机制。

一、设计者的生态自觉

面对不断激化的生态矛盾和日益枯竭的不可再生资源，在全社会范围内形成高度的生态自觉十分必要。生态问题不单纯是涉及生态环境本身的问题，更多涉及人与自然的关系、人的观念意识等问题，保护生态环境不是某一个人或某一方的责任，更是每一个人的使命。当每个人都意识到保护生态环境的重要性，且自觉地将生态意识贯穿于日常生活，很多的生态问题会迎刃而解，只有全社会对生态问题建立自觉自省的意识，生态问题才能得到根本解决。从当代的一些公共艺术作品所呈现的生态取向中，我们可以观察到，生态意识正逐渐成为一些设计者的自觉选择，他们或出于自身的观念，或出于城市发展的需要，有意识地将作品与生态之间建立联系。在他们看来，生态问题不仅是城市问题专家及政府部门关注的问题，也是公共艺术设计、设置过程及后续环节不可回避的背景与内容。

大规模的城市建设和大量的设计需求推动着城市公共艺术的发展，艺术家、设计师、建筑师、规划师等人不断投身于城市公共艺术的创作之中，将一批又一批的作品推向公共空间。但长久以来，生态意识并非成为设计者的一种自觉意识，耗能耗材的作品比比皆是。在城市的建设与设计过程中，对环境的建设性破坏也不在少数，在大多数情况下，设计的本意都是旨在为人们创造优质、便利、人性化和艺术性的生活环境或产品，但由于长期以来，一些设计者的设计活动并没有在一种生态意识的指导下进行，导致这些设计行为反而给人们的生存环境带来负面影响，这是需要深思和审慎考虑的。

设计者因而需要更多将设计活动的影响考虑在内。公共艺术，尤其是大型公共艺术，往往设置于一个包含一定生态环境的特定场所中，设计者的选择关系着作品与场所的生态环境之间是对话共生还是对抗抵触？设计者是尊重自然还是轻视自然？是维系生态平衡抑或打破生态平衡？是节能简朴抑或耗能耗材？至于已遭破坏的生态环境之上的公共艺术创作，是建立在修复改善生态环境之上，还是建立在推倒重来的基础之上？公共艺术的动力系统，是采用不可再生能源还是可再生能源？不同的取舍都会导致不同的结果，因而需要设计者在创作前对此深思熟虑，充分考虑设计

活动的影响。设计者也需考虑通过怎样的方式能够减少或弥补人类活动包括设计活动对自然的负面影响，考虑如何唤醒公众的生态意识，以及如何有助于城市的可持续发展，这关系着城市乃至人类社会的未来。这便是一种生态自觉，也是一种使命感。正如有学者针对雕塑创作所言："生态与环境被当作地球问题来激烈讨论的今天，能以实实在在的雕塑艺术实践来解决生态环保问题，对于一个雕塑工作者来说，不同样是义不容辞的义务和责任吗？"

生态自觉包含对自身的行为方式与生态环境之间关系的认识，以及对保护环境、维护生态平衡重要性的认识，在设计活动中也体现为尽可能尊重自然，通过形象化的作品警示生态问题的临近及其危害性，并通过自己的作品自觉实践生态理念和采用生态手法，尝试解决生态问题。如果设计者都能将关注、警示或解决生态问题视为己任，则会创作出更多对城市具有积极作用的作品。当越来越多的设计者自觉从节能、环保等角度对设计进行审视和对材料进行取舍，或融入生态问题的警示与反思，生态问题将会因为这些带着问题意识的公共艺术的介入而得到多元的解决方法。在如今这个各行各业都探寻生态问题解决之道的年代，设计者的生态自觉尤为重要，它能够将更多基于生态意识的公共艺术推向公共空间，充分发挥其对于城市的积极作用。

二、公众的生态自觉

建立公众的生态自觉，是解决生态问题的根本。毕竟由公共艺术能直接解决的生态问题有限，基于生态意识的公共艺术更多是通过作品对生态问题的警示和反思，使公众也真切认识到生态问题的危害和普遍存在，并自觉采取低碳、环保的生活方式，建立"维护生态，从我做起"的自觉意识，从而有益于生态问题的根本解决。究其根本，生态问题的根源来自人们对待自然的态度及行为，从深层来说，来自人们的观念意识，因此，解决问题的方法也需从观念意识中求解。

当然，人们可以依托生态技术手段，不断修复人类活动对大地造成的伤痕，但如果人们在思想上没有意识到生态问题与自身行为的关联，继续像以往那样对待自然，那只能是治标不治本。在寻求生态问题的解决之道时，就不得不使人们从观念上真正意识到生态问题与自身的关联，并自觉采取环保的生活方式。如前所引述，"当大多数人看到一辆大汽车并且首先想到它所导致的空气污染而不是它所象征的社会地位的时候，环境道德就来到了。同样，当大多数人看到过度包装或一次性产品而认为这些是对他们子孙后代犯罪而愤怒的时候，消费主义就处于衰退之中了。"在这个物质丰裕的年代，人们难以觉察到潜在的自然资源的枯竭与消失，还没有普遍意识到过度消费和无节制的物质占有，以及向自然排放污染物质对生态环境及人类社会的未来会带来怎样的危害。

近年来，中国大部分地区雾霾天气的增多让越来越多的公众认识到空气污染问题的严重性，但普通公众能做的仅仅是买一个空气净化器或PM2.5口罩，做一些补救措施，而对怎样从自身做起，从哪些力所能及的事情做起，如尽量乘坐公共交通、绿色出行、采取低碳的生活方式，以减少空气污染等，缺少一种普遍的、有效的引导。通过对作品的分析，我们可以判断，公共艺术可以承担唤起公众生态意识并采取自觉行动这样一个角色。《生态文艺学》的作者鲁枢元教授曾就此指出："在历来被称作'人间天堂'的苏州，面对温室效应引发的持续高温与大气污染带来的超浓度雾霾，在课堂上讲授生态文艺学，我已经无须再去一一罗列生态事件给人类带来的灾难，每一位学生都有着自己的切肤感受！既然现实生活中'生态问题'已经成为关系国计民生的重大问题，那么，一向标榜关注社会生活、反映社会生活的我们的文学艺术创作及其理论，还有什么理由拒绝与生态现实的结合呢？如今看来，'生态学'与'文艺学'的结合，就是一种时代的需要，甚至可以说是时代的逼迫！"通过基于生态意识的影像作品、互动装置艺术、雕塑等公共艺术，可以让公众在与之互动中了解真谛，获得警醒，加强认同，建立自觉自省的意识。

对于公众生态自觉的建立而言，认同感的产生十分必要，而这一点是可以通过公共艺术来加以强化的。公共艺术的重要作用不单纯在于促进城市视觉形态、空间结构的优化，从深层而言在于通过文化环境、艺术氛围、社会内涵的提升，帮助人们提升精神境界，前者主要作用于城市的外在形式，后者主要作用于人的内在精神世界。如果公众普遍从作品中体验到了某种情感，并产生某种共鸣，在内心激发出一些积极的因素，进而受其正面导向的影响，应该说，这件作品便较好地实现了其社会价值，也易于发挥其积极作用。公众的认识与认同是作品社会价值实现的关键，而如何加强公众的认同也是需要进一步探讨的。通过对作品的分析，我们可以观察到基于生态意识的公共艺术，正是凭借着直观形象、互动参与、寓教于乐的形式，寓意深厚、语义丰富的内涵，将生态理念传达给公众，建立公众的认同感，激发公众关注生态问题，并自觉采取低碳环保的生活方式。生态学者何塞·卢岑贝格在《自然不可改良》一书中指出，生态绝非仅仅是自然的问题，也是人自身的问题，人既要保护自然生态，也应当解决好自身的精神生态，甚至可以说，人类只有发自内心地敬畏自然，解决好自身的精神生态问题，才会对整个世界，包括人与自然之间的关系，有一个正确健康的认识态度，也才有可能最终解决好“绿色”的问题。公共艺术可以成为一种拥有着感性化形式的生态警示录，唤起人们的生态自觉。

“生态”不是一个口号，也不是一种噱头，而是应落实到具体的城市建设与设计之中。在一个互动的场域中，艺术、生态与城市前所未有地交织、融合、共生，三者之间彼此渗透，相互关联，共同发挥出一种有益于艺术的有序发展、生态环境的和谐有序、城市的可持续发展的综合作用。基于生态意识的公共艺术的价值也更多在于成为一种可触及人心灵的媒介，以情感化的艺术语言代替枯燥的文字和说明，提供一个人与作品、人与人对话的契机，也将生态的问题带到公共的场域，为其提供一个广泛关注与讨论的场所，使更多的人因作品的激发而关注生态问题，自觉将生态意识渗透于日常生活之中，并依其行事，进而真正地实现人、自然、城市的和谐共生。

三、融入公共艺术的生态教育

对公众进行生态教育，是提高公众生态意识和建立生态自觉的重要途径，关系着生态问题能否得到根本解决。以往公共媒体在一定程度上承担着对公众进行生态教育的功能，但很多时候，单纯的宣传式生态教育无法引起人们深刻的共鸣，人们难以直观感受到人类活动对生态环境的影响，并将生态问题与自身建立联系，因而这种生态教育的影响范围及效果有限。较之于现阶段生态问题的普遍存在和日趋严重的现状，生态教育还存在着滞后性。举例而言，近年来中国部分地区空气质量的急转直下已使人们充分意识到空气污染已到了亟待解决的时刻，但很多人并不知晓从个体角度该如何应对，如何行动起来扭转这种局面，就此而言，缺乏有效的生态教育或引导。

我们可以尝试一种在公共艺术中融入生态教育的模式，在广场、公园等景观设计和公共空间的互动装置艺术、雕塑等的创作中有意识地融入对公众的生态教育，作品中的生态警示与反思本身即可视为一种生态教育，此外，阐释各类节能、环保等生态理念的影像作品或互动装置艺术等，都起着对公众的生态教育作用。公共艺术的介入可以使生态教育的形式丰富多样，创意十足。

与说教式的生态教育相比，融入公共艺术的生态教育更能让人接受和更受欢迎。公共艺术所具有的寓教于乐的形式、多媒体的综合表现、直观形象的语言，能让人在潜移默化中接受生态的教育，建立生态意识。其对于主题的诠释能力和明确的精神指向，能够对公众的行为起到有效的引导作用。由于其置身于公共空间，使得公众可以接近它和解读它，近距离地观察，在面对面接触和互动参与中了解生态问题的现状，激发生态意识和采取自觉行动，从身边力所能及的事情做起，保护环境，减少环境污染，维护生态平衡。在互动的过程中获得的美感体验和观念精神的提炼也会更强烈，信息传达也更为高效。对于公共艺术来说，更多承担起这一生态教育层面的社会职责也是体现其社会价值的一种方式。

当然，公共艺术在很多时候并非单纯的作品本身，还包含各类丰富的活动，如果能够在公共艺术作品及活动中融入生态教育，将会使生态教育功能得到突出和放大，也会更易于公众在作品中获得启迪，建立自觉自省的生态意识。

参考目录

[1]陈绳正.城市雕塑艺术[M].沈阳:辽宁美术出版社,1998.

[2]金彦秀,严赫镕,金百洋.公共装置艺术设计[M].上海:华东大学出版社,2017.

[3]李建盛.公共艺术与城市文化[M].北京:北京大学出版社,2012.

[4]刘青砚.壁画艺术概论[M].济南:山东教育出版社,2015.

[5]邱孝述.公共艺术[M].重庆:重庆大学出版社,2018.

[6]邱志杰.总体艺术论[M].上海:上海文艺出版集团发行有限公司,2012.

[7]孙振华.公共艺术时代[M].南京:江苏美术出版社,2003.

[8]田欣.当代壁画艺术[M].长春:吉林美术出版社,2018.

[9]王中.公共艺术概论[M].北京:北京大学出版社,2014.

[10]张延刚.壁画艺术与环境[M].合肥:安徽美术出版社,2003.

[11]章晴方.公共艺术设计[M].上海:上海人民美术出版社,2007.

[12]诸葛雨阳.公共艺术设计[M].北京:中国电力出版社,2007.